猪病诊治图鉴

江 斌　吴胜会　林 琳　张世忠 编著

海峡出版发行集团 | 福建科学技术出版社
THE STRAITS PUBLISHING & DISTRIBUTING GROUP | FUJIAN SCIENCE & TECHNOLOGY PUBLISHING HOUSE

图书在版编目 (CIP) 数据

猪病诊治图鉴 / 江斌等编著 . —福州：福建科学
技术出版社，2019. 9
ISBN 978-7-5335-5932-8

Ⅰ . ①猪… Ⅱ . ①江… Ⅲ . ①猪病－诊疗－图谱
Ⅳ . ① S858.28-64

中国版本图书馆 CIP 数据核字（2019）第 142076 号

书　　名	猪病诊治图鉴	
编　　著	江　斌　吴胜会　林　琳　张世忠	
出版发行	福建科学技术出版社	
社　　址	福州市东水路 76 号（邮编 350001）	
网　　址	www.fjstp.com	
经　　销	福建新华发行（集团）有限责任公司	
印　　刷	福州德安彩色印刷有限公司	
开　　本	787 毫米 ×1092 毫米　1/16	
印　　张	12.5	
图　　文	200 码	
版　　次	2019 年 9 月第 1 版	
印　　次	2019 年 9 月第 1 次印刷	
书　　号	ISBN 978-7-5335-5932-8	
定　　价	68.00 元	

书中如有印装质量问题，可直接向本社调换

前　言

我国地域广，猪品种繁多，且多种饲养模式并存，异地调运种猪和肉猪频繁，导致发生的猪病情况复杂，不仅猪病种类多，而且还面临着老病未除、新病不断、病菌混合感染严重的局面。为了进一步普及猪病防治知识，提高基层兽医人员和广大养殖户对猪病的诊断和防治水平，我们在原有《猪病诊治图谱》的基础上，参考国内外最新的猪病防治技术编写了此书。希望此书的出版对促进我国养猪业的健康发展能起到一点作用。

本书系统地介绍了猪病毒性传染病，细菌性、支原体性和真菌性传染病，寄生虫病以及内外科杂症的诊治方法。对各种常见猪病，简要介绍其病原、流行病学、临床症状、病理变化、诊断以及防治措施等，并对主要症状、病理变化等内容辅以彩图说明。书末还附有常见症状和死猪内脏器官剖检诊断参考表，以便读者对猪病作出准确的诊断并采取有效防治措施。

本书引用了车勇良的3幅图片以及李祥瑞主编的《动物寄生虫病彩色图谱》中的3幅图片，我们对两位专家表示衷心感谢。由于我们水平有限，书中错误和不足之处在所难免，恳请各位同仁以及广大读者批评指正。

本书获得福建省农业科学院学术著作出版专项基金资助，谨此致谢。

作者

目 录

一、猪病毒性传染病

二、猪细菌性、支原体性和真菌性传染病

三、猪寄生虫病

四、猪内外科杂症

一、猪病毒性传染病

（一）非洲猪瘟

非洲猪瘟（简称 ASF）是由非洲猪瘟病毒感染引起的一种急性、热性、高度接触性传染病，世界动物卫生组织（OIE）将其列为法定报告的动物疾病，我国将其列为一类动物疾病。1921 年，肯尼亚首次确认非洲猪瘟疫情。随后该病在非洲流行，1957 年传入欧洲，1971 年传入美洲。2018 年 8 月，我国辽宁省确诊首例非洲猪瘟疫情。

1. 病原

非洲猪瘟病毒属于类非洲猪瘟病毒属，病毒粒子庞大而复杂，呈线性双链 DNA，可分为几个抗原型，目前发现至少有 8 个血清型。该病毒是一种虫媒 DNA 病毒，有超强的体外生存能力，耐低温，不耐高温，60℃时经 20 分钟可使病毒失去活力，耐 pH 值范围广，在血液、粪便和组织中可长期存活。

2. 流行病学

本病的传染源有受感染的家猪、野猪、软蜱，以及病死猪的血液、组织、分泌物、排泄物。易感动物有家猪、野猪、疣猪，各品种、日龄及性别猪均易感，中大猪和母猪先发病死亡，表现的症状也较典型。传播方式主要通过接触传播，也可通过人员、车辆、工具间接传播或通过软蜱叮咬后间接传播。无明显的季节性。

3. 临床症状

本病的潜伏期较短，一般感染后 2~10 天发病死亡，依症状程度不同可分为最急性型、急性型、亚急性型和慢性型。

（1）最急性型。除发热外，没有其他症状就突然死亡（图 1-1）。常在发病后 1~3 天死亡。

（2）急性型。体温升高至 42℃，不吃，有些表现呕吐或吐血（图 1-2，图 1-3），有些表现便秘，粪便表面有血液和黏液覆盖，有些表现腹泻、粪便带血（图 1-4）。呼吸困难，步态僵直，有些表现神经症状。耳朵、眼眶、四肢、腹部、臀部等皮肤出现出血点或发绀（图 1-5 至图 1-8）。妊娠母猪会出现流产现象（图 1-9）。同栏内的猪发病率和死亡率可达 50%~80%，有的可达 100%。

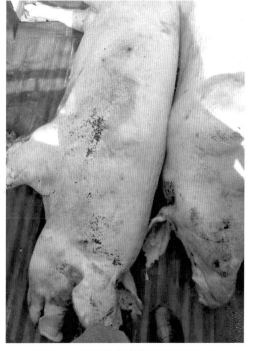

图 1-1　非洲猪瘟症状（突然死亡）

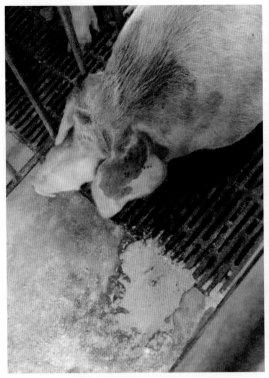

图 1-2 非洲猪瘟症状（呕吐）

图 1-3 非洲猪瘟症状（吐血）

图 1-4 非洲猪瘟症状（粪便带血）

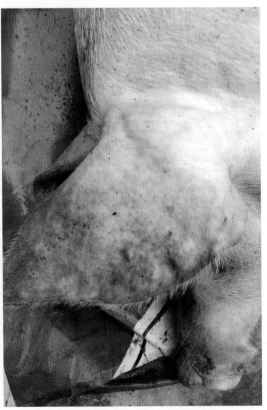

图 1-5 非洲猪瘟症状（耳朵皮肤发绀）

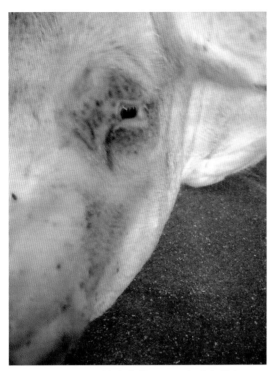

图1-6 非洲猪瘟症状（眼眶皮肤发绀）

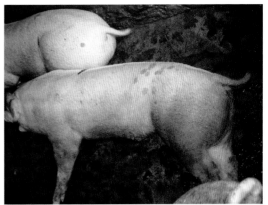

图1-7 非洲猪瘟症状（腹下及臀部皮肤发绀）

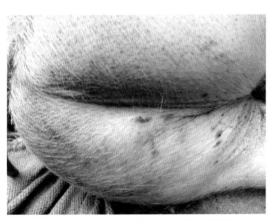

图1-8 非洲猪瘟症状（臀部皮肤发绀）

图1-9 非洲猪瘟症状（母猪流产）

（3）亚急性型。临床症状与急性型相似，但病情较轻，死亡率相对较低，病程持续较长。体温波动大，多数高于40.5℃，呼吸困难，并有咳嗽表现。有些关节肿胀、疼痛以及跛行。病程可持续数周，有些病例会耐过或转为慢性病例。

（4）慢性型。呼吸困难、消瘦、关节肿痛。身体局部皮肤溃疡和坏死（图1-10），病程可持续数月，最终衰竭死亡

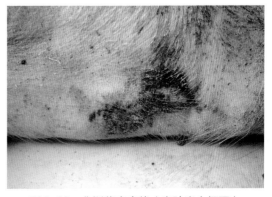

图1-10 非洲猪瘟症状（皮肤出血坏死）

或终生带毒。

4.病理变化

不同症状表现型，病理变化有所不同。

（1）最急性型。脾脏肿大发黑（图1-11），其他病变不明显。

（2）急性型。在耳朵、鼻端、腹壁、外阴部等无毛或少毛部位皮肤出现明显的发绀区，皮下出血明显（图1-12），淋巴结肿大出血（图1-13、图1-14），脾脏肿大（图1-15）、易碎、呈黑色，肾脏淤血或斑点状出血（图1-16），胸腹腔有积液，心脏、肺脏有淤血或出血（图1-17）。肝脏充血或淤血，胆囊出血（图1-18）。肌肉大面积出血。

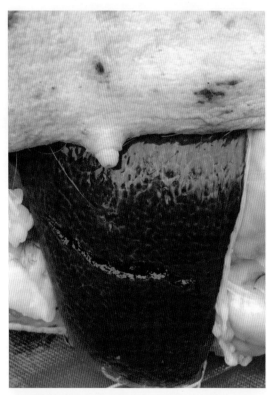

图1-11 非洲猪瘟病变（脾脏肿大发黑）

图1-12 非洲猪瘟病变（皮下出血）

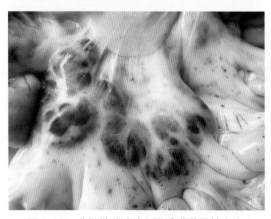

图1-13 非洲猪瘟病变（肠系膜淋巴结出血）

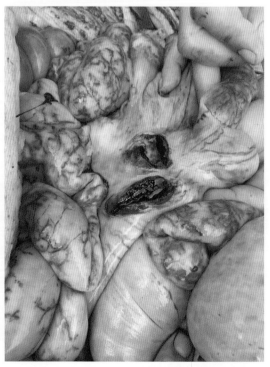

图1-14 非洲猪瘟病变（淋巴结出血）

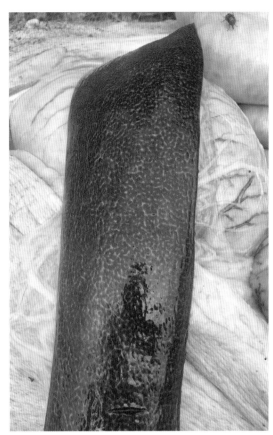

图 1-16　非洲猪瘟病变（肾脏斑点状出血）

图 1-15　非洲猪瘟病变（脾脏肿大）

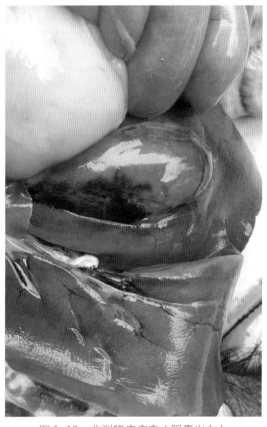

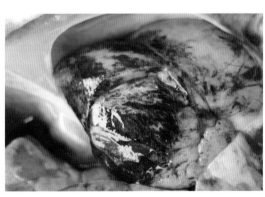

图 1-17　非洲猪瘟病变（心脏出血）　　　　图 1-18　非洲猪瘟病变（胆囊出血）

（3）亚急性型。耳朵及腹下皮肤出现不同程度的发绀。腹壁出现大小不一的出血斑块，斑块中央呈黑色，四周呈干枯状（图1-19）。淋巴结肿大出血，脾脏不同程度地肿大发黑（图1-20）。心包积液，腹腔积水。胆囊壁水肿，肾脏淤血、出血，肾脏周围组织水肿。有些可出现肺脏粘连，具有明显的纤维素性心包炎。关节肿胀，关节腔内积有黄色液体，关节囊呈纤维素性增厚。

（4）慢性型。可出现局灶性干酪样肺脏坏死，纤维素性心包炎，脾脏发黑但肿大不明显，淋巴结肿大出血，关节肿大、关节内有纤维素性渗出物。

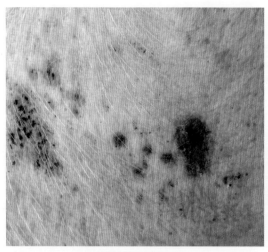 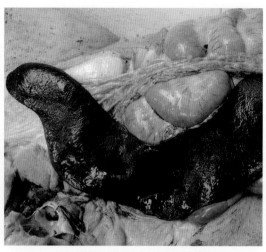

图 1-19　非洲猪瘟病理变化（腹下皮肤出血斑块）　　　图 1-20　非洲猪瘟病变（脾脏肿大发黑）

5. 诊断

非洲猪瘟的诊断方法较多，其中最常用的是聚合酶链式反应试验，该技术具有快速、敏感、特异性强的特点，已广泛应用于本病的诊断。此外，还有红细胞吸附试验、免疫荧光抗体试验、免疫电泳试验、酶联免疫吸附试验等方法。在临床上要注意与猪瘟、猪繁殖与呼吸综合征、猪弓形虫病、猪链球菌病（败血型）、猪丹毒等疾病鉴别诊断。

6. 预防

目前，还没有研制出可以有效预防非洲猪瘟的疫苗。研究表明：高温和消毒剂可以有效杀灭该病毒，所以养殖场做好生物安全措施是防控非洲猪瘟的关键措施。

（1）严格控制人员和车辆进出，并做好场内相应的消毒措施。

（2）严禁使用泔水喂猪，杜绝采用含受污染猪血、肉骨粉等成分的饲料。

（3）采取封闭饲养，杜绝与野猪、钝缘软蜱接触，猪场内禁止饲养狗、猫等动物，定期做好猪场的灭虫、灭蝇、灭鼠以及防鸟工作。不到疫区引种猪或精液，必要时还要抽血进行非洲猪瘟病毒的排除，禁止到场外购猪肉及其产品。

（4）加强饲养管理，在饲料中添加多种维生素，特别是维生素 C，对提高猪群抗病力有帮助。

7. 处理

本病在我国是属于一类传染病，发现疫情必须迅速上报兽医主管部门，按照"早、快、严、小"的原则进行处置。发现疑似疫情要立即报告，禁止猪场内所有猪只进出，限制人员移动，封场消毒，做到早报告和早诊断。确诊为非洲猪瘟的，要及时对疫点和疫区内病猪进行扑杀、并做无害化处理。对疫点和疫区要全面封锁，做到严封锁、严消毒，并持续 42 天。对周边受威胁猪场要密切观察，把疫情范围控制到最小。

（二）猪瘟

猪瘟又称猪霍乱，在我国俗称"烂肠瘟"，欧洲称为"古典猪瘟"，是由猪瘟病毒引起的一种猪急性、热性、接触性传染病。

1. 病原

本病的病原为猪瘟病毒，属于黄病毒科瘟病毒属。为了与人的丙型肝炎病毒区分开，现在一般称之为经典型猪瘟病毒。猪瘟病毒粒子呈圆形，有囊膜，直径为38~44纳米；核衣壳是立体对称的二十面体，直径约为29纳米；病毒表面有6~8纳米长的类似穗状的纤突。

猪瘟病毒对理化因素的抵抗力较强。在室温时能存活2~5个月，化学制剂如氢氧化钠、漂白粉、复合酚等溶液能很快将猪瘟病毒灭活；猪瘟病毒对乙醚、氯仿敏感。病毒在pH5~10条件下稳定，过酸或过碱环境均能使病毒灭活，迅速丧失其感染性。

猪瘟病毒能在猪源的原代细胞和传代细胞上生长，但不能使细胞产生病变。病毒抗原存在于细胞浆内。多数学者认为猪瘟病毒没有型的区别，只有毒力强弱之分；也有一些学者认为猪瘟病毒虽然为单一血清型的病毒，但也可分为3个基因群和10个基因亚群。

2. 流行病学

猪瘟病毒除对猪（包括野猪）有致病性外，对其他动物均无致病性。病猪和带毒猪是最主要的传染源，主要经消化道、呼吸道等感染。妊娠母猪感染时，可发生流产、产死胎等繁殖障碍。本病不分猪的日龄、品种，一年四季均可发生。

3. 临床症状

各种日龄猪均可发生猪瘟。其中，仔猪和断奶小猪主要出现以低烧和顽固性腹泻为主要症状的非典型性猪瘟。公母猪较少发生典型性猪瘟，但有时会隐性带毒，对母猪的繁殖性能有所影响，会造成流产、产死胎、产木乃伊胎、产弱仔等现象。在临床上典型性猪瘟多见于保育猪和架子猪，主要表现为体温升高到40.5~42℃，稽留热，病猪打堆（图1-21），粪便干结（图1-22），有时便秘与腹泻交叉出现（图1-23），尿黄，公猪包皮积尿，挤压时有恶臭浑浊液体流出，眼分泌物较多（图1-24），用一般抗生素和磺胺类药物治疗无效；在病中后期，病猪的耳朵、腹部、四肢末端等处皮肤，甚至全身皮肤都会出现出血点、出血斑或发红、发紫（图1-25至图1-32）。发病率100%，死亡率达60%~80%。

图1-21 猪瘟症状（猪怕冷打堆）

图1-22 猪瘟症状（粪便干结）

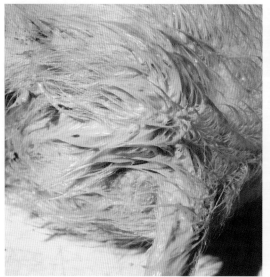

图 1-23 猪瘟症状（拉黄色稀粪）

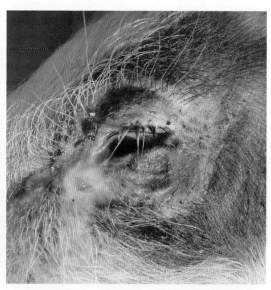

图 1-24 猪瘟症状（眼分泌物多）

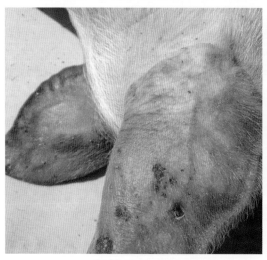

图 1-25 猪瘟症状（耳朵皮肤发绀）

图 1-26 猪瘟症状（耳朵发红）

图 1-27 猪瘟症状（耳尖发红）

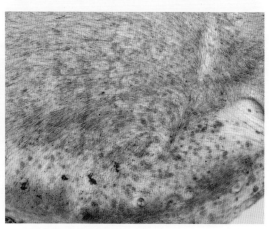

图 1-28 猪瘟症状（腹部皮肤出血点）

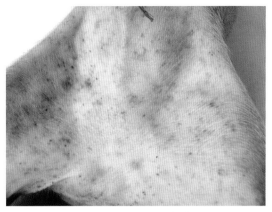

图 1-29　猪瘟症状（腹部皮肤出血斑）

图 1-30　猪瘟症状（全身皮肤出血斑）

图 1-31　猪瘟症状（全身皮肤发红）

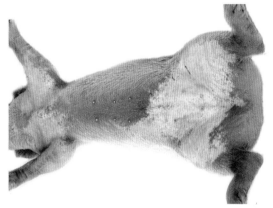

图 1-32　猪瘟症状（全身皮肤发紫）

4. 病理变化

病死猪的皮下出血（图 1-33），腹股沟淋巴结等全身淋巴结肿大（图 1-34）、出血，切面可见周边出血并呈大理石样病变（图 1-35、图 1-36）。脾脏边缘有锯齿状出血或梗死灶（图 1-37、图 1-38）。肾脏苍白，表面有一些散在的针尖大小的出血点（图 1-39）。肾脏切面可见出血点（图 1-40）。肾盂、膀胱黏膜也有不同程度的出血点或出血斑（图 1-41 至图 1-43）。

图 1-33　猪瘟病理变化（皮下出血点）

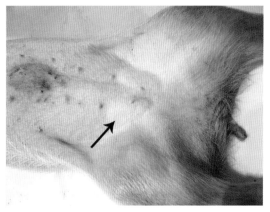

图 1-34　猪瘟病理变化（腹股沟淋巴结肿大）

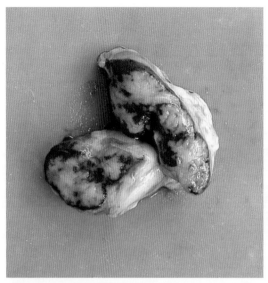

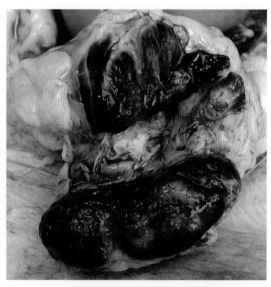

图 1-35　猪瘟病理变化（腹股沟淋巴结周边出血）　图 1-36　猪瘟病理变化（腹股沟淋巴结严重出血）

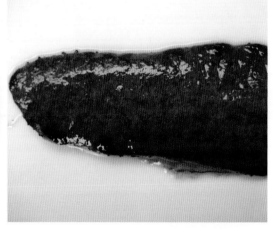

图 1-37　猪瘟病理变化（脾脏出血点）　图 1-38　猪瘟病理变化（脾脏边缘坏死灶）

图 1-39　猪瘟病理变化（肾脏苍白，表面针尖大　图 1-40　猪瘟病理变化（肾脏切面出血点）
小出血点）

图 1-41　猪瘟病理变化（膀胱内膜出血点）

图 1-42　猪瘟病理变化（膀胱外膜出血斑）

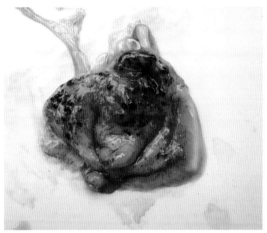

图 1-43　猪瘟病理变化（膀胱内膜出血斑）

图 1-44　猪瘟病理变化（大肠浆膜层出血斑）

图 1-45　猪瘟病理变化（小肠浆膜层出血斑）

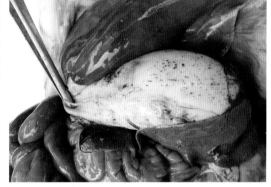

图 1-46　猪瘟病理变化（胃浆膜层出血斑）

在盲肠、结肠、小肠、胃浆膜层以及肠系膜也可见到不同程度的出血斑或出血点（图 1-44 至图 1-46）。喉头会厌软骨、心脏内外膜、肺脏以及肋骨膜也可见出血斑和出血点（图 1-47 至图 1-51），在回肠末端、盲肠、结肠黏膜上可见一些纽扣状溃疡灶（图 1-52）。扁桃体出血，出现点状坏死（图 1-53）；有的齿龈也出血，并出现坏死病变（图 1-54）。

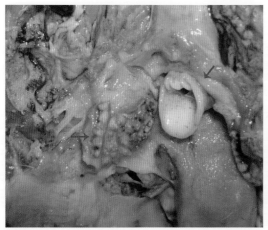

图 1-47　猪瘟病理变化（会厌软骨出血点）

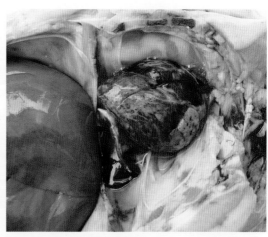

图 1-48　猪瘟病理变化（心脏外膜出血斑）

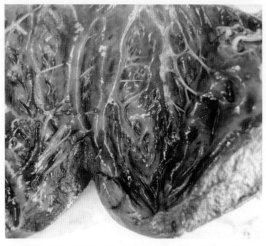

图 1-49　猪瘟病理变化（心脏内膜出血斑）

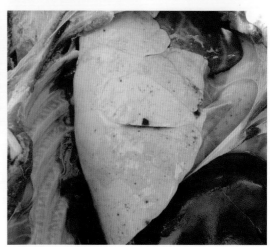

图 1-50　猪瘟病理变化（肺脏表面出血点）

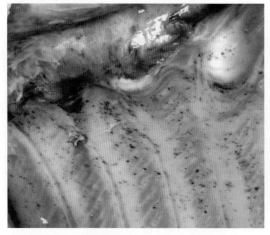

图 1-51　猪瘟病理变化（肋骨膜出血点）

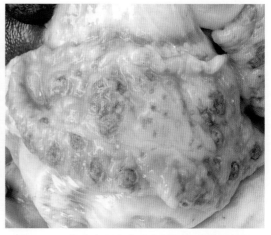

图 1-52　猪瘟病理变化（盲肠纽扣状溃疡灶）

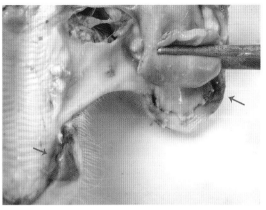

图 1-53 猪瘟病理变化（扁桃体出血、点状坏死）　　图 1-54 猪瘟病理变化（齿龈出血、坏死）

5. 诊断

猪瘟的诊断方法很多，其中常见的有采用病死猪的淋巴结、扁桃体进行免疫荧光抗体试验；或用全血或血清进行酶联免疫吸附试验；或用淋巴结、脾脏、肾脏等病料研磨后加抗生素接种家兔，进行兔体免疫交互试验；或用淋巴结、肾脏、扁桃体等病料进行聚合酶链式反应试验等，其中以聚合酶链式反应试验最常用，也最准确。在临床上，本病要注意与非洲猪瘟、猪繁殖与呼吸综合征鉴别诊断。

6. 预防

（1）加强饲养管理，做好生物安全工作。尽量做到自繁自养，并加强环境消毒工作，对病死猪、废弃物、污水等都应做到无害化处理。

（2）做好猪场猪瘟疫苗防疫工作。目前市面上有猪瘟脾淋苗、猪瘟组织苗以及猪瘟细胞苗等多种疫苗，每种疫苗各有优缺点。种公猪和母猪的猪瘟免疫多采用每年 2 次的免疫模式（即每年春秋各免疫 1 次或母猪每胎在仔猪断奶时各免疫 1 次）。保育猪和架子猪的猪瘟免疫程序因不同猪场而异，目前常见如下 3 种免疫模式：第一，在安全地区，在仔猪断奶时免疫 1 次猪瘟疫苗即可。第二，在环境复杂或受威胁的猪场则在 20 日龄和 60 日龄各免疫 1 次猪瘟疫苗。第三，在环境污染严重或本身已有猪瘟病毒感染的猪场则采用超前免疫（仔猪出生后立即注射猪瘟疫苗，1~2 小时之后才哺初乳）、30 日龄二免及 70 日龄三免的免疫程序。此外，平时还要做好疫苗免疫后的抗体监测工作，一旦发现群体免疫抗体保护率低于 70%，要寻找原因，并及时地调整免疫程序或调整疫苗种类，并加强疫苗免疫，以免因免疫低下而造成疫病的发生。

7. 处理

（1）做好隔离、消毒工作。对病猪采取隔离淘汰措施，并对病死猪、废弃物、污水等进行无害化处理，杜绝疫情的传播蔓延，被污染场所予以彻底消毒。

（2）对猪场内假定健康猪或周围受威胁猪进行紧急免疫（最好选用猪瘟脾淋苗）。

（3）在自繁自养的母猪场，要采取仔猪出生时超前免疫、30 日龄二免以及 70 日龄三免的猪瘟免疫程序。按这种程序操作 3~6 个月后，若猪群健康，无发现新的猪瘟病例，就可恢复为 20 日龄一免、60 日龄二免的免疫程序。

（三）猪繁殖与呼吸综合征

猪繁殖与呼吸综合征，又称猪蓝耳病，是由猪繁殖与呼吸综合征病毒引起母猪繁殖障碍、仔猪死亡率高、各日龄猪出现呼吸道症状的一种传染病，可分为经典猪繁殖与呼吸综合征和高致病性猪繁殖与呼吸综合征。

1. 病原

本病的病原为猪繁殖与呼吸综合征病毒，属于动脉炎病毒属，可分为经典猪繁殖与呼吸综合征毒株（又有美洲株和欧洲株之分）和高致病性猪繁殖与呼吸综合征毒株。猪繁殖与呼吸综合征病毒为单链 RNA 病毒，其粒子直径为 45~65 纳米，常呈卵圆形，有囊膜，二十面体对称。只能在极少的几种细胞上复制、增殖，并能使细胞病变，如猪肺泡巨噬细胞在感染病毒后 2 小时开始出现形态变化，1~4 天出现明显的细胞病变。部分毒株可在特定的传代细胞（如 Marc145 细胞、CL2621 细胞）上生长。2006 年开始在我国南方一些省份陆续出现高致病性猪繁殖与呼吸综合征疫情。

2. 流行病学

病猪和带毒猪是本病的主要传染源。病毒主要经呼吸道感染或垂直传染。禽类有可能会传播本病。饲养管理和环境卫生条件不良、暑热、寒冷、高湿、饲养密度大、空气污浊等是主要诱因。我国流行的主要是经典猪繁殖与呼吸综合征（美洲株）和高致病性猪繁殖与呼吸综合征毒株。

3. 临床症状

不同类型的猪繁殖与呼吸综合征，其表现症状有所不同。其中经典猪繁殖与呼吸综合征在母猪病初表现为精神委顿、发热、食欲减退或废绝，几天后陆续出现流产、产死胎、产木乃伊胎以及产弱仔症状（图 1-55 至图 1-57）。少数母猪在耳朵、臀部以及四肢末端皮肤出现红色或蓝紫色出血斑（图 1-58）。公猪出现咳嗽、呼吸困难、食欲不振、性功能降低等症状。个别公母猪还有呕吐、四肢麻痹、食欲不振的症状。传播速度快，发病率可达 50%~100%，死亡率相对较低。仔猪表现为弱仔数偏多，精神沉郁（图 1-59），采食减少，步态不稳，皮肤苍白，有时色彩偏暗；眼结膜发炎水肿，眼球突出（图 1-60），眼眶四周皮肤为淡蓝色（图 1-61）；病猪表现为呼吸困难和腹式呼吸，有时也有咳嗽、轻度发烧症状。发病率 50% 以上，死亡率可达 20% 以上。中大猪主要表现为喘气、咳嗽、呼吸困难、腹式呼吸，眼球突出，出现类似猪流感症状。有时在耳朵与腹部皮肤的毛孔可见蓝色出血点（图 1-62），有的还出现蓝色或紫红色出血斑（图 1-63、图 1-64），有时全身皮肤出现紫红色出血斑（图 1-65）。

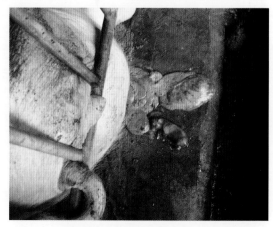

图 1-55　猪繁殖与呼吸综合征症状（母猪流产）

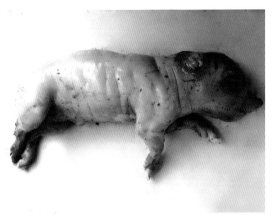

图 1-56　猪繁殖与呼吸综合征症状（母猪产死胎）

图 1-57　猪繁殖与呼吸综合征症状（母猪产弱仔）

图 1-58　猪繁殖与呼吸综合征症状（母猪耳朵等处皮肤红色出血斑）

图 1-59　猪繁殖与呼吸综合征症状（仔猪精神沉郁）

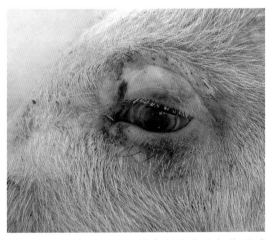

图 1-60　猪繁殖与呼吸综合征症状（仔猪眼球突出）

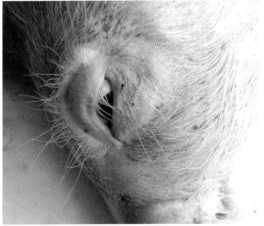

图 1-61　猪繁殖与呼吸综合征症状（仔猪眼眶四周皮肤淡蓝色）

图 1-62　猪繁殖与呼吸综合征症状（中大猪耳朵皮肤毛孔蓝色出血点）

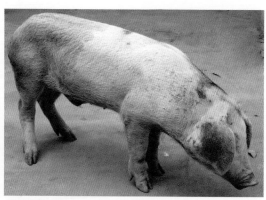

图 1-63　猪繁殖与呼吸综合征症状（中大猪耳朵皮肤紫红色出血斑）

图 1-64　猪繁殖与呼吸综合征症状（中大猪腹部皮肤紫红色出血斑）

图 1-65　猪繁殖与呼吸综合征症状（中大猪全身皮肤紫红色出血斑）

　　高致病性猪繁殖与呼吸综合征发病率 50%~100%，死亡率 20%~50%，严重的死亡率可高达 90%。病猪主要表现为高热稽留，全身皮肤发红（图 1-66），食欲减少或废绝，粪干呈球状，喜卧。病猪呼吸困难（以腹式呼吸为主），有些病猪出现喘气或咳嗽症状，有些病猪还出现呕吐或脑神经症状。病程稍长的病猪耳朵皮肤发蓝发绀（图 1-67、图 1-68），腹部和四肢末端甚至全身皮肤发红发紫（图 1-69），有时腹部皮肤的毛孔内有蓝紫色出血斑。

图 1-66　高致病性猪繁殖与呼吸综合征症状（全身皮肤发红）

图 1-67　高致病性猪繁殖与呼吸综合征症状（耳朵皮肤发蓝）

图 1-68　高致病性猪繁殖与呼吸综合征症状（耳朵皮肤发绀）

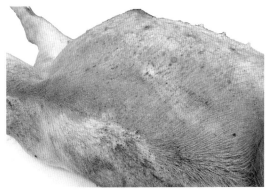

图 1-69　高致病性猪繁殖与呼吸综合征症状（腹部皮肤发红发紫）

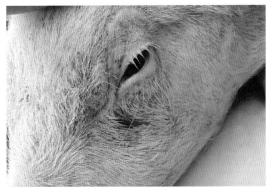

图 1-70　高致病性猪繁殖与呼吸综合征症状（眼结膜炎）

图 1-71　高致病性猪繁殖与呼吸综合征症状（流鼻涕）

有的出现眼结膜炎（图 1-70），眼球突出，个别病猪有流清鼻涕或浓鼻涕症状（图 1-71）。个别病猪不能站立，还出现四肢划水样等脑神经症状。部分母猪除了出现高热不退、便秘、不吃料症状外，还出现流产、产死胎现象。用一般的抗生素和磺胺类药物治疗无效。当耳朵和腹部皮肤出现发绀时，病猪死亡率几乎达 100%。

4. 病理变化

病猪主要表现间质性肺炎，可见肺间质水肿增宽（图 1-72）。有时皮下毛孔有蓝色出血点。有时因角膜炎导致眼球突出。淋巴结肿大，切面可见到坏死灶。有时也可见到肾脏出血点（图 1-73）。流产胎儿体表有明显的出血斑（图 1-74、图 1-75）。中后期可继发猪瘟、副猪嗜血杆菌病，导致肺炎和心包积液（图 1-76）、附红细胞体病等疫病，并呈现相应的病理变化。

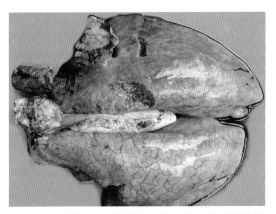

图 1-72　猪繁殖与呼吸综合征病理变化（肺脏间质水肿增宽）

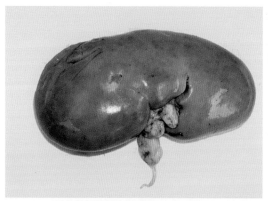

图 1-73　猪繁殖与呼吸综合征病理变化（肾脏少量出血点）

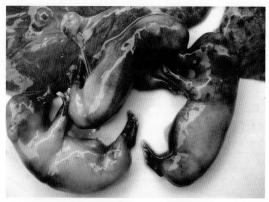

图 1-74　猪繁殖与呼吸综合征病理变化（流产胎儿体表大量出血斑）

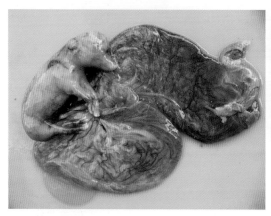

图 1-75　猪繁殖与呼吸综合征病理变化（流产胎儿体表出血斑）

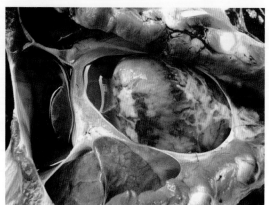

图 1-76　猪繁殖与呼吸综合征病理变化（继发副猪嗜血杆菌病，导致肺炎和心包积液）

5. 诊断

取病死猪的肺脏、淋巴结等脏器进行聚合酶链式反应试验可确诊。对未进行猪繁殖与呼吸综合征疫苗免疫的猪场可于发病时与病猪康复期各抽取 1 份血样，进行猪繁殖与呼吸综合征的抗体检测。若康复后血清中的猪繁殖与呼吸综合征抗体滴度及抗体阳性率明显高于发病初期，那么也可间接地诊断为本病。在临床上，本病须注意与非洲猪瘟、猪瘟鉴别诊断。

6. 预防

（1）可使用猪繁殖与呼吸综合征疫苗进行免疫。目前在我国可供使用的猪繁殖与呼吸综合征疫苗有经典猪繁殖与呼吸综合征活疫苗（美洲株）和高致病性猪繁殖与呼吸综合征活疫苗和灭活疫苗。尽管目前在学术界对是否使用疫苗尚存争议，但多数学者对使用猪繁殖与呼吸综合征活疫苗来防控本病持肯定的态度。对于病情复杂的猪场要慎用猪繁殖与呼吸综合征活疫苗。

（2）加强饲养管理及猪场的消毒隔离工作。平时要做好猪瘟疫苗、猪伪狂犬病疫苗、猪支原体肺炎疫苗免疫，这对于预防本病以及减少并发症的发生非常重要。

7. 处理

猪场发生本病后，要立即做好隔离消毒工作，禁止所有猪只进出。对发病严重的病猪和死猪要进行淘汰和无害化处理，对症状较轻的病猪可采取隔离和对症治疗。在临床上可采用中药银翘散、清瘟败毒散、黄芪多糖等配合替米考星、阿莫西林等进行治疗。个别发热不吃的病猪要肌内注射退热、消炎的注射液进行对症治疗。值得一提的是，发生猪繁殖与呼吸综合征时，不能盲目地进行猪繁殖与呼吸综合征活疫苗或猪瘟活疫苗的紧急免疫，否则会大大提高发病率和死亡率。当临床上遇到高热不退、病死猪的耳朵和腹部皮肤出现发红发紫时，要及时送检。若怀疑或确诊为高致病性猪繁殖与呼吸综合征，按规定要及时上报，采取封锁、扑杀、消毒等处理措施，并对病死猪及其废弃物进行焚烧、深埋、高压等无害化处理。对周围受威胁的猪场要用猪繁殖与呼吸综合征活疫苗进行紧急免疫。

（四）猪伪狂犬病

猪伪狂犬病又称猪狂痒病、猪疱疹病毒病，是由伪狂犬病病毒引起的一种猪和其他动物共患的急性传染病。

1. 病原

本病的病原为伪狂犬病病毒，属于疱疹病毒科甲疱疹病毒亚科猪疱疹病毒属。完整的伪狂犬病病毒粒子由核心、衣壳、外膜或囊膜组成，核心直径75纳米，核衣壳直径105~110纳米，带囊膜的完整病毒粒子直径180纳米。伪狂犬病病毒核心含双链DNA。能在鸡胚和多种哺乳动物的细胞上生长繁殖，并形成核内包涵体，能在猪肾细胞、兔肾细胞和鸡胚细胞上形成蚀斑。对乙醚敏感，对外界环境的抵抗力很强。

尽管大多数病毒分离株的抗原性都是相关的，但至少存在两个以上的抗原型。研究表明有些毒株主要作用于神经系统，而另一些毒株则主要侵害肺脏，也有一些毒株主要作用于生殖系统。近年来，在临床上出现一些可导致中大猪出现顽固性高热不退、喉头和扁桃体坏死以及肝脏出现点状坏死灶的新型伪狂犬病病毒变异株。

2. 流行病学

猪是伪狂犬病病毒的存储宿主，其他家畜如牛、羊、猫、犬也可自然感染，许多野生动物（如啮齿类动物）也易感染。除猪以外，其他所有易感动物感染伪狂犬病病毒后，其结果都是死亡。在猪场，病猪、带毒猪及带毒鼠类可随鼻液、唾液、奶、阴道分泌物、精液及尿等排毒，经消化道、呼吸道、交配、子宫内以及损伤的皮肤黏膜传染。哺乳仔猪日龄越小，其发病率和死亡率越高。随着日龄增长，发病率和死亡率均下降。但是，近年来出现的新型伪狂犬病病毒变异株可导致中大猪出现50%~100%的发病率和5%~30%的死亡率。猪在其他动物感染伪狂犬病病毒的过程中起中心作用，如经常与猪接触的牛、羊就很容易因吸入含病毒粒子的空气而感染伪狂犬病病毒。本病的发生具有一定的季节性，一般多发生在寒冷的季节，但近年来出现的新型伪狂犬病病毒变异株则在夏秋季节多见。

3. 临床症状

猪伪狂犬病可导致妊娠母猪流产（图1-77）、产死胎、产弱仔（图1-78）、产木乃伊胎，母猪减食，具有明显的传染性，同时常造成母猪乏情、返情和屡配不孕等繁殖障碍。公猪出现睾丸肿胀、性功能下降，从而影响繁殖性能。仔猪出现顽固性腹泻和神经症状，具体来说，仔猪出生时都很健康，膘情也很好，几天后一些仔猪就出现顽固性腹泻（拉黄色黏液性稀粪），用抗生素和磺胺类药物治疗均无效果。有些仔猪站立不稳倒地，并出现角弓反张症状（图1-79），口角还有一些白色泡沫流出（图1-80），发病率和死亡率均可达到50%~100%。断奶后保育猪可出现脑神经症状（图1-81），表现为间歇性抽搐，倒地，角弓反张，持续4~10分钟后，有时症状可缓解，过一段时间又会重复出现。出现脑神经症状的仔猪或小猪几乎100%死亡，但发病率相对较低，往往零星散发。中大猪可出现严重的呼吸道症状，对育肥猪的生长、饲料报酬都会有不同程度的影响。

图1-77 猪伪狂犬病症状（母猪流产）

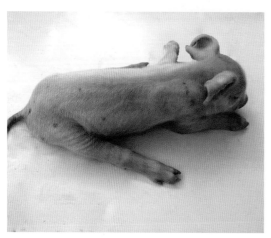

图1-78 猪伪狂犬病症状（产弱仔）

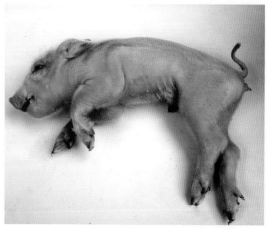

图1-79 猪伪狂犬病症状（仔猪角弓反张）

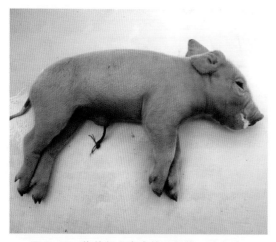

图1-80 猪伪狂犬病症状（仔猪口吐白沫）

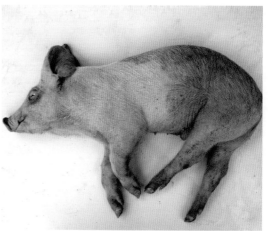

图1-81 猪伪狂犬病症状（保育猪脑神经症状）

新型伪狂犬病病毒变异株可导致中大猪出现顽固性发热、流鼻水、倒地不吃等类似猪流感症状，病程可持续7~15天，中后期可见张口呼吸等呼吸道症状，个别可出现脑神经症状。发病率达50%~100%，死亡率达5%~30%。

4. 病理变化

仔猪和小猪的脑膜出现充血和出血病变（图1-82），扁桃体出现点状坏死灶（图1-83），肝脏略肿大、淤血，有时在肝脏表面和实质内可出现点状或片状坏死灶（图1-84），有时在脾脏表面也有坏死灶（图1-85）。肾脏表面有针尖大小的出血点（图1-86）。肠道有出血性或卡他性炎症。此外，有时还出现咽炎、气管炎和肺脏病变。

新型伪狂犬病病毒变异株导致的病例可见喉头和扁桃体坏死明显，肺脏炎症，胸腔积水，有些病例的肝脏表面会出现许多黄白色坏死点。

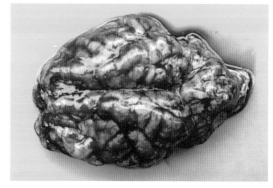

图1-82 猪伪狂犬病病理变化（脑膜充血和出血）

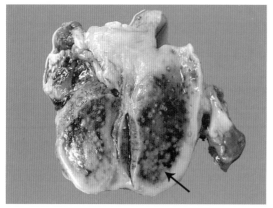

图1-83 猪伪狂犬病病理变化（扁桃体点状坏死灶）

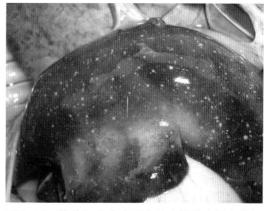

图1-84 猪伪狂犬病病理变化（肝脏表面点状坏死灶）

图1-85 猪伪狂犬病病理变化（脾脏表面点状坏死灶）

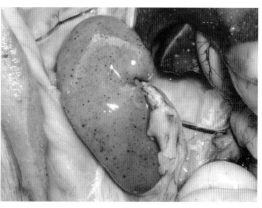

图1-86 猪伪狂犬病病理变化（肾脏表面针尖大小出血点）

5. 诊断

本病的诊断主要有如下 3 种方法：

（1）取病死猪的淋巴结、扁桃体、小脑进行免疫荧光抗体试验，荧光显微镜下出现黄绿色荧光即为阳性（图 1-87）。

（2）取病死猪的淋巴结、扁桃体、小脑进行聚合酶链式反应试验。

（3）取病死猪的脑组织、淋巴结用生理盐水制成 1 ∶ 10 的组织悬液，同时加入适量青霉素、硫酸链霉素，取 1~2 毫升组织悬液对家兔进行皮下或肌内接种。2~3 天后，家兔若出现局部奇痒表现，并多数在 3~5 天内死亡也可确诊。

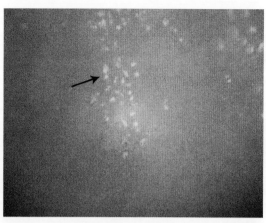

图 1-87 淋巴结免疫荧光抗体切片中出现黄绿色荧光，即为阳性

其中，第一种方法最常用。但鉴于目前许多猪场都有本病病原的隐性感染，所以在诊断本病时兽医技术人员除了要具有娴熟的实验操作能力和判断能力外，还要结合临床症状进行综合诊断。第二种方法最准确。

至于新型伪狂犬病病毒变异株要采用病毒的分离培养或相应的聚合酶链反应试验进行诊断。

6. 预防

（1）做好猪场的生物安全，积极开展灭鼠工作，严禁狗、猫、野生动物进入猪场。

（2）做好本病的疫苗接种工作。猪伪狂犬病疫苗有灭活疫苗和活疫苗两大类，其中活疫苗又分为单基因缺失活疫苗、双基因缺失活疫苗以及多基因缺失活疫苗等。目前，猪场多用活疫苗。母猪和公猪的免疫程序有两种，即每年"一刀切"免疫接种 3~4 次，或者在母猪产前 1 个月左右免疫 1 次。小猪的免疫程序是 10 日龄以内通过鼻腔进行滴鼻首免，30~35 日龄进行肌内注射二免。伪狂犬病野毒感染严重的猪场，在 100 日龄左右再免疫 1 次。在本病阴性猪场，小猪的猪伪狂犬病疫苗免疫也可以不做。判定猪场是否存在伪狂犬病野毒感染，可以通过酶联免疫吸附试验区别疫苗产生的抗体和野毒产生的抗体，这对猪场伪狂犬病净化有重要的实践意义。

7. 处理

猪场发生猪伪狂犬病时，唯一的处理办法就是紧急免疫接种猪伪狂犬病活疫苗，其中 10 日龄以内的仔猪可通过滴鼻免疫，10 日龄以上的小猪及公母猪可通过肌内注射免疫接种。疫苗处理后 4~5 天即可稳定病情。此外，对病死猪及其排泄物都要严格进行无害化处理。对有发生过本病的猪场一定要加强本病的免疫工作（增加免疫剂量和次数）。

（五）猪口蹄疫

猪口蹄疫是由口蹄疫病毒所致的偶蹄动物共患的一种急性接触性传染病。

1. 病原

本病的病原为口蹄疫病毒，属于小核糖核酸病毒科口蹄疫病毒属（亦称口疮病毒属）。口蹄疫病毒结构简单，呈球形或六角形，直径23~25纳米，无囊膜。具有多型性和变异性。根据其血清学特性，现已知有7个血清型（即A型、O型、C型、南非1型、南非2型、南非3型、亚洲I型）。我国部分地区有发现A型和O型病毒的报道，其中以O型为主。每一型内又有多个亚型、亚型内又有众多抗原差异显著的毒株。口蹄疫病毒对外界环境的抵抗力较强，对许多化学消毒药抵抗力也较强。

2. 流行病学

本病一年四季均可发生，但以冬春季节（天气比较寒冷时）多发，呈2~5年暴发1次的周期性流行。偶蹄动物对本病敏感，单蹄动物不发病。

病猪、带毒猪是最主要的直接传染源，尤以发病初期的病猪为最危险的传染源。另外，病猪的尿粪、乳汁、呼出的气体、唾液、精液、肉、毛发、内脏等，以及被污染的猪舍、饲料、水、饲养用具都可能有病毒存活而成为传播媒介。牛、羊、猪、驼可互相传染，此外也有牛、羊感染而猪不感染或猪感染而牛、羊不感染的情况报道。

本病主要通过直接或间接传播。猪口蹄疫还可呈跳跃式传播流行，即在远离原发点的地区也能暴发，或从一个地区或国家传到另一个地区或国家。

3. 临床症状

本病一年四季均可发生，其中以每年的冬春季节多发，环境潮湿会加剧本病的发生。本病的传播速度极快（1~2天内会传遍全栏）。病猪体温升高，突然间站立不稳，喜躺卧或卧地不起（图1-88），不吃料。在病猪的鼻盘、齿龈、舌头可见到水疱或溃烂斑（图1-89至图1-91）。在四肢蹄部、蹄冠、蹄叉出现水疱或溃烂斑（图1-92），严重时蹄壳脱落而形成肉蹄（图1-93、图1-94），病猪脚痛而卧地不起。在母猪的乳房皮肤上也会长水疱，破溃后形成溃烂斑。母猪感染本病病原会导致流产、产死胎。仔猪和断奶小猪以及瘦肉型中大猪感染本病病原后，易发生急性心肌炎、心肌坏死而导致突然死亡（图1-95），特别在打针、打架等不良应激下更易死亡。其中，哺乳仔猪可见整窝死亡，外三元杂交猪死亡率明显要高于内三元或二元杂交猪。病程可持续15~25天。

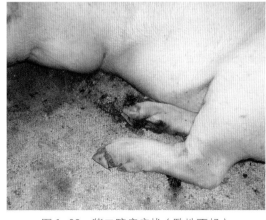

图1-88　猪口蹄疫症状（卧地不起）

图1-89　猪口蹄疫症状（鼻盘水疱）

图 1-90　猪口蹄疫症状（鼻盘溃烂斑）

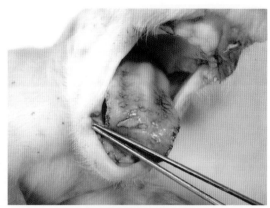

图 1-91　猪口蹄疫症状（舌头溃烂斑）

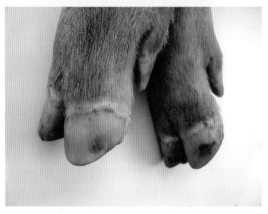

图 1-92　猪口蹄疫症状（蹄冠溃烂斑）

图 1-93　猪口蹄疫症状（蹄壳脱落）

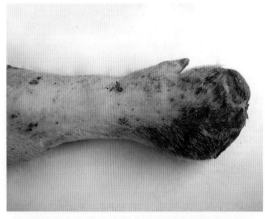

图 1-94　猪口蹄疫症状（蹄壳脱落而形成肉蹄）

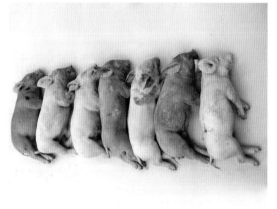

图 1-95　猪口蹄疫症状（仔猪急性死亡）

4. 病理变化

在口腔、鼻盘、乳房、蹄部皮肤出现水疱和溃烂斑。死亡猪的心肌呈现黄白色或淡黄色坏死条纹（图 1-96），并与正常心肌形成红白相间的"虎斑心"。腹腔表面可见丝状的纤维素性渗出物（图 1-97）。

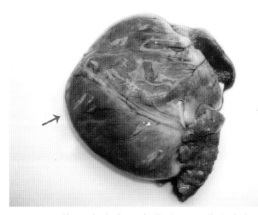

图 1-96　猪口蹄疫病理变化（心肌黄白色坏死条纹）　图 1-97　猪口蹄疫病理变化（腹腔丝状纤维素性渗出物）

5. 诊断

根据临床症状、病理变化可作出初步诊断。必要时可取水疱液和水疱皮送检而作出确诊。在临床上要注意与猪水疱病、猪痘、猪塞内卡病毒病等鉴别诊断。

6. 预防

本病的预防，一方面要做好猪场的生物安全，加强消毒和隔离工作；另一方面要做好疫苗免疫，各猪场必须把本病的免疫列入常规免疫程序中。其中，公猪和母猪每年免疫猪口蹄疫 O 型或 A-O 型灭活疫苗 3~4 次，每次间隔 3~4 个月，每次 3~4 毫升；仔猪 30~40 日龄首免 1~1.5 毫升，50~60 日龄二免 1.5~2 毫升，在冬春寒冷季节还要于 80~90 日龄再免疫 2 毫升。总体要求猪口蹄疫免疫抗体保护率要达 70% 以上。猪口蹄疫有众多的血清型，故选用疫苗时要选用涵盖多种血清型的多价口蹄疫疫苗。

7. 处理

按照我国政府规定，猪场发生猪口蹄疫时，应立即向当地有关部门报告疫情，并采取严格的消毒、隔离、封锁措施，严防病原扩散。对病死猪及其排泄物要按规定进行深埋或焚烧处理。消毒剂应选用含碘、酸、氯的消毒剂，每天消毒 1~2 次。

（六）猪圆环病毒病

猪圆环病毒病是由猪圆环病毒 2 型或 3 型引起的一种猪慢性传染病，可出现多系统衰竭综合征、皮炎 - 肾病综合征等多种病症。

1. 病原

本病病原为猪圆环病毒，是最小的无囊膜环状单链 DNA 病毒，包括猪圆环病毒 1 型、2 型和 3 型。猪圆环病毒粒子呈二十面体对称，直径 17~20 纳米，是目前发现的最小的动物病毒。猪圆环病毒 1 型对猪没有致病性，猪圆环病毒 2 型被认为与猪先天性震颤、断奶仔猪多系统衰竭综合征、皮炎 - 肾炎综合征有关。猪圆环病毒 3 型可导致母猪出现流产、产死胎等繁殖障碍。

2. 流行病学

各品种及其杂交品系的猪对猪圆环病毒均有易感性,常见于保育猪,尤其是 25~80 日龄的保育小猪。每次流行和同一次流行中不同窝次的病死率很不一致,不同次流行间的病死率为 0~25%,同次流行中不同窝次的病死率则为 0~100%。在产仔季节,往往是头几窝产的仔猪常表现出严重的症状,以后窝次所产的仔猪则表现症状轻微。成年猪在自然状态下多为隐性或无症状感染。血清学调查结果表明,目前猪圆环病毒 2 型感染广泛,多数猪群血清阳性率为 20%~80%;猪圆环病毒 3 型的抗体阳性率可达 20%。

3. 临床症状

本病在临床上主要有两个病症:

(1)断奶仔猪多系统衰竭综合征。主要发生于处在哺乳期和保育期的仔猪,表现为精神沉郁(图 1-98)、被毛粗乱(图 1-99)、皮肤苍白或呈淡蓝色(图 1-100),病猪采食量减少,生长迟缓,进行性消瘦。多数病猪有咳嗽、喘气等呼吸道症状,少数也表现腹泻症状。发病率 30%~80%,死亡率 20%~40%。猪圆环病毒 2 型可降低病猪免疫力,因此在临床上常与猪支原体肺炎、猪繁殖与呼吸综合征、猪传染性胸膜肺炎、副猪嗜血杆菌病、猪附红细胞体病、猪瘟等疾病并发,所表现的症状更为复杂和多样化。

(2)皮炎-肾病综合征。在各种日龄猪均可发生,其中以保育猪和架子猪多见,主要表现为皮肤上(如耳朵、腹部两侧、臀部等处皮肤)出现一些散在的斑点状小丘疹(图 1-101、图 1-102)。这些丘疹刚开始时为红色突起,随后逐渐变为黑色,同时也会出现一些瘙痒症状。一栏中只有部分猪发病,另一部分则正常。病猪采食量基本正常。多数经 10~20 天可自愈。但对生长发育有一定影响,个别严重的病例还会出现发热、跛行、厌食等并发症。皮炎-肾病综合征发病率高,但死亡率较低。

图 1-98 猪圆环病毒病症状(仔猪精神沉郁)

图 1-99 猪圆环病毒病症状(仔猪被毛粗乱)

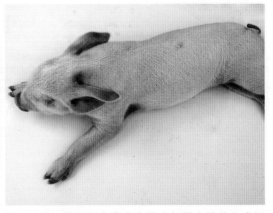

图 1-100 猪圆环病毒病症状(仔猪皮肤苍白或呈淡蓝色)

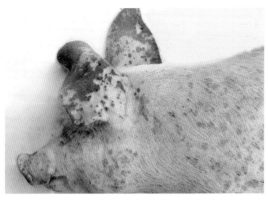 

图1-101　猪圆环病毒病症状（耳朵皮肤斑点状小丘疹）

图1-102　猪圆环病毒病症状（全身皮肤斑点状小丘疹）

4.病理变化

病死猪的腹股沟淋巴结、肠系膜淋巴结、颌下淋巴结等肿大明显（图1-103、图1-104），切面多汁，颜色为白色。耳朵、腹部皮肤的毛孔内出现蓝色出血点（图1-105）。仔猪的乳头呈蓝紫色（图1-106）。肾脏苍白，肾脏表面有不同程度的白色坏死斑（图1-107）。肺脏肿大，部分形成红色肉样病变或呈斑驳状（图1-108、图1-109），严重时整个肺脏都出

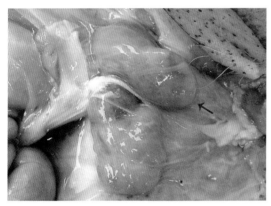 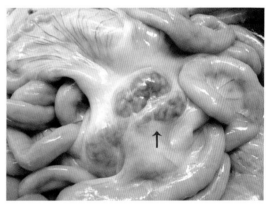

图1-103　猪圆环病毒病病理变化（腹股沟淋巴结肿大）

图1-104　猪圆环病毒病病理变化（肠系膜淋巴结肿大）

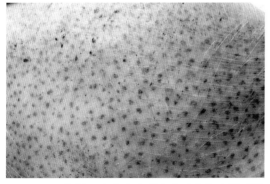 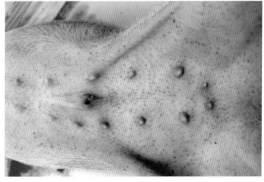

图1-105　猪圆环病毒病病理变化（腹部皮肤毛孔内蓝色出血点）

图1-106　猪圆环病毒病病理变化（仔猪乳头呈蓝紫色）

图 1-107 猪圆环病毒病病理变化（肾脏苍白，表面白色坏死斑）

图 1-108 猪圆环病毒病病理变化（肺脏肉样病变）

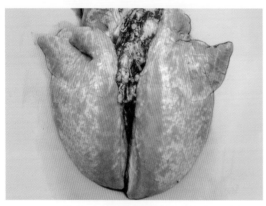

图 1-109 猪圆环病毒病病理变化（肺脏肉样病变，呈斑驳状）

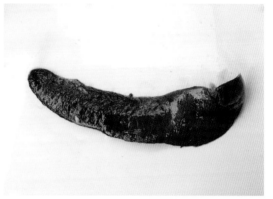

图 1-110 猪圆环病毒病病理变化（脾脏变形，大面积坏死）

图 1-111 猪圆环病毒病病理变化（结肠外壁淋巴滤泡增生）

图 1-112 猪圆环病毒病病理变化（结肠壁局灶性坏死）

现实变，用手压可感觉肺脏质地变硬。若并发或继发其他细菌性疾病，那么肺脏可出现多样性病变，如绒毛心、肺脏与肋骨膜粘连等。脾脏变形，出现大面积坏死（图 1-110）。此外，在结肠外壁可见淋巴滤泡增生（图 1-111），严重时可导致肠壁局灶性坏死和水肿（图 1-112 至图 1-114）。

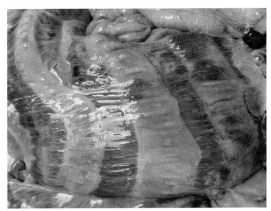 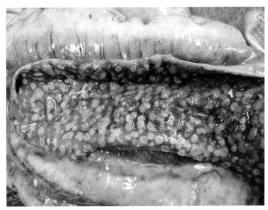

图 1-113　猪圆环病毒病病理变化（结肠襻水肿）　　图 1-114　猪圆环病毒病病理变化（结肠内壁局灶性坏死）

5. 诊断

猪圆环病毒病的诊断主要采用聚合酶链式反应试验。此外，对没有进行疫苗免疫的猪场也可采用血清抗体检测。若测得猪圆环病毒抗体阳性，说明该猪场正感染或感染过猪圆环病毒。至于并发症的诊断按有关疾病进行。

6. 预防

（1）加强饲养管理，降低饲养密度，实行严格的"全进全出"生产方式，尽量减少环境因素的不良应激。

（2）选择使用猪圆环病毒病灭活疫苗或亚单位疫苗对 15~25 日龄仔猪进行 1~2 次免疫接种，有较好效果。此外，对本病病原感染严重的猪场，可选择猪圆环病毒病疫苗对母猪进行免疫接种。

猪圆环病毒感染的猪场在使用各种疫苗免疫时要特别慎重，因为很多疫苗的注射应激或疫苗应激均可激活猪圆环病毒，结果会加剧猪圆环病毒病的病情。如使用猪瘟活疫苗，应选择在猪群无明显病症时免疫注射，同时尽可能使用猪瘟脾淋苗。疫苗免疫后一些病猪有可能出现发热、不吃、耳朵发紫等一系列不良反应。在接种疫苗前后，可适当地在饮水、饲料中添加一些多种维生素和氨基酸，也可考虑在疫苗免疫时配合使用猪用转移因子，以减轻注射疫苗而出现的不良反应。

对于皮炎－肾炎综合征的预防，要加强饲养管理，降低饲养密度，搞好环境卫生，特别是要防止猪舍内湿度太高，防止饲喂霉变饲料，尽量减少各种环境不良应激因素；提倡自繁自养和"全进全出"的饲养模式，有条件的猪场要做到逐渐净化本病。

7. 处理

对有并发或继发感染的病例，可使用广谱抗生素（如氟苯尼考、阿莫西林等）配合黄芪多糖进行治疗。不同的并发症，临床用药也有所不同，如并发猪支原体肺炎可配合使用延胡索酸泰妙菌素、替米考星、磷酸泰乐菌素等，并发猪传染性胸膜肺炎可配合使用氟苯尼考，并发副猪嗜血杆菌病可配合使用阿莫西林、氨苄西林钠、盐酸林可霉素硫酸大观霉素预混剂等，并发猪附红细胞体病可配合使用盐酸多西环素等。

对已发生皮炎－肾炎综合征的猪场可在饲料中添加黄芪多糖（每 1000 千克饲料加 150 克）

以及其他广谱抗生素，对控制本病有一定效果。对个别病情严重的病猪，可肌内注射黄芪多糖注射液，配合使用阿莫西林、磷酸地塞米松注射液，有一定的效果。此外，用含过硫酸氢钾的消毒粉或含碘消毒剂按比例稀释后喷洒皮肤，也有一定效果。据报道，每天每只猪内服0.08~0.12克的盐酸苯海拉明治疗皮炎－肾炎综合征，连用3~5天，也有一定效果。

（七）猪流行性感冒

猪流行性感冒，简称猪流感，是由猪流感病毒引起的一种猪急性、热性和高度接触性呼吸道传染病。

1. 病原

本病病原为猪流感病毒，属于正黏病毒科流感病毒属，是一种单链 RNA 病毒。猪流感病毒粒子直径80~120纳米，核衣壳呈螺旋形对称，或呈球形、丝状或不规则形态；有囊膜，在囊膜表面有由血凝素和神经氨酸酶构成的纤突。病毒粒子髓心由螺旋形核糖核酸、核蛋白和多聚酶构成。

猪流感病毒含有核蛋白、血凝素和神经氨酸酶 3 种特异性抗原。病毒主要存在于猪上呼吸道的分泌物中，如鼻液，气管、支气管渗出液，以及肺脏和肺部淋巴结中。猪流感病毒容易发生变异。常见的血清型为 H_1N_1 和 H_3N_2。

2. 流行病学

各种年龄、性别和品种的猪对猪流感病毒均易感。本病的流行有明显的季节性，一年四季均可发生，但在天气多变的秋末、早春和寒冷的冬季多发，持续几天寒冷的天气之后常暴发。本病的传染性极强，传播迅速，常呈地方性流行或大流行。本病具有极高的发病率，但死亡率较低。近年来本病的死亡率有增高趋势，在某些地方可高达 10%~20%。

猪流行性感冒的传染源是病猪和带毒猪，易感猪通过接触这些传染源后由鼻咽感染。病猪痊愈后带毒6~8周。呼吸道是主要的传播途径。发病前后鼻腔分泌物含病毒最多，传染性最强。多数病猪在发病后 7~10 天即可康复。

3. 临床症状

病猪主要表现为突然发病，传播快，几天时间可传遍整栋猪舍或整个猪场。体温上升到 40~42℃，精神沉郁，喜卧和扎堆，关节疼痛，倒地不起（图 1–115），食欲减退或废绝。呼吸困难（以腹式呼吸为主），打喷嚏，粗声咳嗽，鼻流黏性鼻液，先清后浓（图1–116、图 1–117），严重时可见张口呼吸（图1–118）。眼结膜潮红（图 1–119），粪干，尿黄。病程 7~10 天，发病率高达 100%。若没有混合感染，死亡率较低。怀孕母猪发生本病时，可能会引起流产、死胎。产房母猪以及中大猪发生本病时，易继发肺炎，从而导致死亡率偏高。

图 1–115　猪流行性感冒症状（倒地不起）

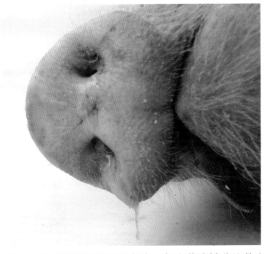

图 1-116　猪流行性感冒症状（鼻流黏液性分泌物）　图 1-117　猪流行性感冒症状（鼻流较浓分泌物）

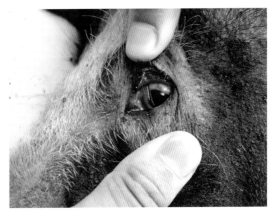

图 1-118　猪流行性感冒症状（张口呼吸）　图 1-119　猪流行性感冒症状（眼结膜潮红）

4. 病理变化

病猪主要病理变化都在呼吸系统，可见鼻腔、喉头、气管、支气管黏膜充血、出血。呼吸道内充满大量粉红色泡沫。扁桃体出血，出现局灶性坏死（图 1-120、图 1-121）。肺

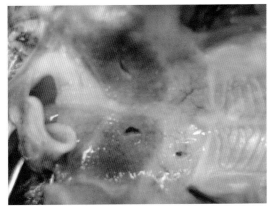
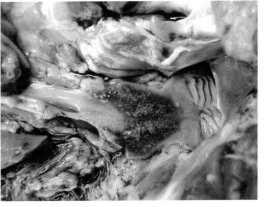

图 1-120　猪流行性感冒病理变化（扁桃体出血）　图 1-121　猪流行性感冒病理变化（扁桃体出血、坏死）

脏肿大、淤血，呈紫红色（图 1-122），切面有大量粉红色泡沫样液体流出，并发感染时可出现肺脏肉样变和胸腔积水（图 1-123）。眼睛潮红，有结膜炎。淋巴结肿大、坏死。

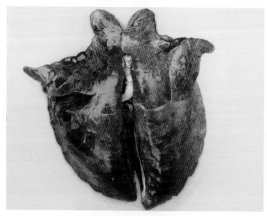 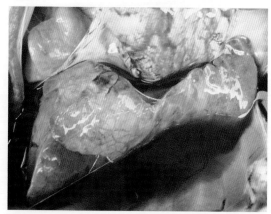

图 1-122　猪流行性感冒病理变化（肺脏淤血，呈紫红色）　　　　　图 1-123　猪流行性感冒病理变化（肺脏肉样变，胸腔积水）

5. 诊断

根据流行病学、临床症状、病理变化可作出初步诊断。要确诊需取病死猪的上呼吸道分泌物或肺脏组织经处理后接种鸡胚，进行猪流感病毒的分离鉴定，同时可采取相关病料进行聚合酶链式反应试验。此外，发病前后可各采取 1 份血清进行 H_1N_1 和 H_3N_2 抗体检测，若发现康复后抗体滴度明显升高，也可间接地诊断本病。

近年来，在临床上由新型伪狂犬病病毒变异株导致的病例也会出现高热不退、流鼻水、喉头和扁桃体坏死以及肝脏出现点状坏死病变，诊断猪流行性感冒时须注意鉴别。

6. 预防

做好饲养管理工作。遇到天气转冷时及时做好猪舍的保温工作，务必使猪舍内环境条件相对稳定。本病的血清型较多，目前在我国尚未有比较有效的疫苗可供免疫。

7. 处理

当猪场发生本病时，除了做好猪舍的保温工作外，还要尽量少给猪舍冲水，保持猪舍干燥，供给充足洁净的饮水，并在饮水中添加多种维生素或解热镇痛药品，必要时可配合使用抗病毒中药拌料或饮水治疗。对个别严重的病猪可肌内注射氨基比林注射液和青霉素或其他抗菌退热注射液进行治疗。经 5~7 天的治疗，多数病猪可康复。

（八）猪传染性胃肠炎

猪传染性胃肠炎是由猪传染性胃肠炎病毒引起的一种猪高度接触性消化道传染病。

1. 病原

本病的病原是猪传染性胃肠炎病毒，属于冠状病毒科冠状病毒属。猪传染性胃肠炎病毒有囊膜，形态多样，呈圆形或椭圆形，直径 90~160 纳米，囊膜中有磷脂和糖脂，可能来自宿主细胞。对乙醚、氯仿和去氧胆酸钠敏感，对胰酶有抵抗力。只有一个血清型，存在于发病仔猪的各器官、体液和排泄物中，但以空肠、十二指肠及肠系膜淋巴结中含毒量最高。

2. 流行病学

病猪和带毒猪是本病主要传染源。病毒可经口、鼻、呼吸道传播。各种日龄的猪都可感染，其中 10 日龄以下的哺乳仔猪发病率和死亡率很高。随着日龄的增长，病死率下降。本病一年四季都可发生，但以深秋、冬季和早春发病最多。

3. 临床症状

本病常见于 11 月至次年的 4 月间，尤其是农历春节前后是本病发生的高峰期。猪场一旦发生本病，各种日龄的猪均可感染发病。病猪主要表现为呕吐、不吃、腹泻，先拉黄色水样稀粪（图 1-124），后拉水泥样灰色浓稠稀粪（图 1-125）。绝大多数中大猪和母猪腹泻 5~7 天后会自行康复，极少数会脱水死亡。有些病猪由于顽固性腹泻导致肛门红肿（图 1-126）。仔猪由于腹泻造成严重脱水，死亡率可高达 80%~100%。日龄越小，死亡率越高。耐过猪有较强的免疫力。

图 1-124　猪传染性胃肠炎症状（拉黄色水样稀粪）

图 1-125　猪传染性胃肠炎症状（拉水泥样灰色浓稠稀粪）

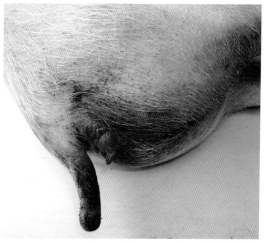

图 1-126　猪传染性胃肠炎症状（肛门红肿）

4. 病理变化

中大猪主要病理变化是胃炎、肠炎以及脱水病变，全身消瘦，眼眶凹陷（图 1-127）。仔猪则表现为全身脱水明显，胃内充满凝乳块（图 1-128），胃浆膜和黏膜充血、出血明显（图 1-129、图 1-130），小肠内充满黄色液体（图 1-131），乳糜管内无脂肪颗粒，肠淋巴结水肿，有时也可见到肾脏表面有小出血点。在普通显微镜下可见到肠绒毛严重萎缩和脱落（图 1-132）。

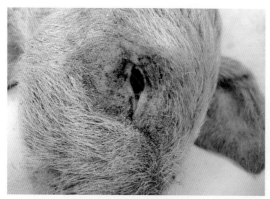

图1-127　猪传染性胃肠炎病理变化（眼眶凹陷）

图1-128　猪传染性胃肠炎病理变化（胃内充满凝乳块）

图1-129　猪传染性胃肠炎病理变化（胃浆膜出血）

图1-130　猪传染性胃肠炎病理变化（胃黏膜出血）

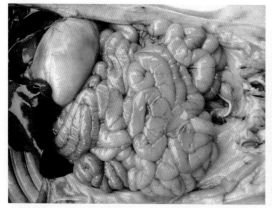

图1-131　猪传染性胃肠炎病理变化（小肠内充满黄色液体）

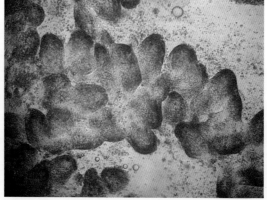

图1-132　猪传染性胃肠炎病理变化（小肠绒毛严重萎缩）

5. 诊断

在临床上通过临床症状、病程、病理变化以及预后情况可作出初步诊断。要确诊还有赖于病毒分离、鉴定，以及聚合酶链式反应试验，或采用猪小肠制成冰冻切片后用相应的免疫荧光抗体染色后镜检，或用猪传染性胃肠炎胶体金快速病原诊断卡进行诊断（图1-133），此外也可用血清学进行诊断。

6. 预防

（1）做好饲养管理工作，特别是在本病易发季节里要做好猪舍的保温工作。

（2）做好疫苗免疫。目前使用的猪传染性胃肠炎－流行性腹泻－轮状病毒病的二联或三联灭活疫苗、活疫苗等疫苗对预防本病有一定效果。具体免疫方法和免疫剂量参照说明书使用。其中灭活疫苗可用于母猪、公猪和中大猪，活疫苗可用于母猪、公猪、中大猪以及小猪和新生仔猪。

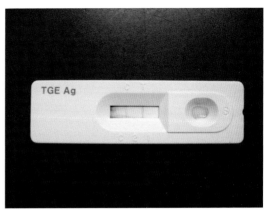

图1-133 胶体金快速病原诊断卡显示抗原阳性

7. 处理

（1）猪场发生猪传染性胃肠炎时首先要采取消毒、隔离措施，防止疫情的扩散。

（2）加强饲养管理。做好保温、控料、补液等工作，其中控制中大猪、母猪的饲料采食量是缩短发病持续时间的重要环节。

（3）采取对症治疗，包括使用抗生素控制继发感染，使用猪干扰素或鸡新城疫 I 系疫苗诱导产生干扰素（以提高仔猪自身抗病力），使用人工补液盐控制和缓解脱水症状。这些方法都有助于提高本病治愈率。

（4）使用活疫苗紧急免疫接种。由于自繁自养的母猪场发生本病时，可导致仔猪大量死亡，所以对于未进行相关疫苗免疫的母猪所生的新生仔猪，出生后要立即内服 1 毫升传染性胃肠炎活疫苗进行超前免疫，有一定效果。对于有进行相关疫苗免疫的母猪所生仔猪，可在 7~10 日龄肌内注射 1 毫升活疫苗。

（九）猪流行性腹泻

猪流行性腹泻是由猪流行性腹泻病毒引起的，以腹泻、呕吐和脱水为症状的一种猪接触性急性肠道传染病。

1. 病原

本病病原为猪流行性腹泻病毒，属冠状病毒科冠状病毒属，分为 2 个型，即 I 和 II 型。猪流行性腹泻病毒粒子呈圆形，直径 60~90 纳米，肠内容物和粪便中的病毒粒子为多形态，大小不一，但趋向圆形，其直径（包括纤突）为 95~190 纳米；囊膜上有花瓣状突起，核酸为 RNA，病毒只能在肠上皮组织培养物内生长。对外界环境和消毒药抵抗力不强，对乙醚、氯仿等敏感，一般消毒药都可将它杀死。

2. 流行病学

发病猪和病后耐过猪以及受污染的畜产品等都是本病的传染源。本病的传播途径主要是经口直接传染。场外的闲杂人员、运输车、工作人员的鞋以及猪场的蚊、蝇、老鼠等也可造成间接传染。另外，有人报道，本病病原还可以经呼吸道感染或经人工授精的精液而感染。

本病可导致不同日龄猪和不同品种猪发病，其中以仔猪和断奶保育猪病情比较严重。一年四季均可发生，但多数病例都集中在天气寒冷的冬春季节（即 11 月至次年的 5 月）。冬春寒冷天气或天气突然变冷可诱发本病的发生，也可加剧本病的病情。所以，在冬春寒冷季节里，可见本病在许多地方形成地方性流行。有时在夏秋季节也可见到本病零星发生。

3.临床症状

猪流行性腹泻的临床症状因猪群的免疫力、发病猪日龄以及病原不同流行毒株等不同而异。一般来说，表现为水样腹泻，粪便呈黄色或蛋花样（图 1-134），并有恶臭味，全身脱水明显（图 1-135）。多数病猪体温正常，少数体温升高 1~2℃，后期体温下降，并伴有不同程度的呕吐症状。

对仔猪来说，首先表现呕吐症状，多发生于吮乳之后，吐出的内容物为带黏液的黄白色凝乳块（图 1-136），接着出现水样腹泻，腹泻物呈黄色、灰色或透明水样或呈

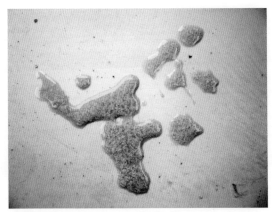

图 1-134　猪流行性腹泻症状（拉蛋花样稀粪）

蛋花样，顺肛门流出，沾污臀部。严重的病例在肛门下方可见皮肤发红，全身脱水严重，眼窝下陷，行走蹒跚，食欲减退或停食。3~4 天后病猪因严重脱水而死亡，发病率 100%，死亡率达 50%~90%。发病率和死亡率的高低与母猪是否进行疫苗免疫有关，也与发病日龄有关。同窝内仔猪之间传染快，在 1~2 天内都会发病，不同窝之间的传染速度会慢些，整个猪场的病程可持续 1~2 个月，有的甚至更长时间。

图 1-135　猪流行性腹泻症状（全身脱水明显）

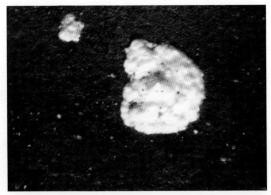

图 1-136　猪流行性腹泻症状（仔猪吐出黄白色凝乳块）

对保育小猪来说，个别病猪也会有呕吐症状，多数小猪在短时间内都出现水样腹泻症状，早期拉黄色水样稀粪，到发病中后期（5~6 天后）则拉灰黄色黏稠状稀粪，发病率也可达 100%，但死亡率相对较低（5%~20%）。

对中大猪和种猪来说，个别猪也会出现呕吐现象，精神沉郁，不吃食或少食，猪群出

现不同程度的腹泻症状，也有的不表现任何腹泻症状，发病率 10%~90%（发病率高低与猪群是否免疫相关疫苗以及饲养管理好坏有关），但死亡率很低，只有 1%~3%。绝大多数病猪在发病 5~7 天后自然康复，极少数持续 10 天以上。此外，哺乳母猪还会出现无乳或哺乳量减少现象。

值得一提的是，发生猪流行性腹泻后，猪群的抵抗力下降，也有可能继发仔猪副伤寒、副猪嗜血杆菌病等疾病，使病情变得更加复杂化，在临床上须认真加以鉴别诊断。与猪传染性胃肠炎相比，猪流行性腹泻在猪群中持续时间相对较长（慢性病例可持续 1~2 个月）。

4. 病理变化

本病的主要病理变化在胃和小肠，可见小肠膨胀，肠壁变薄，肠内蓄有黄色液体或气体，肠壁充血、出血（图 1-137）。肠系膜充血，淋巴结肿大、水肿。仔猪胃底出血而呈淡红色（图 1-138），胃内有大量的黄白色凝乳块（图 1-139），有时也可见胃黏膜出现不同程度的充血、出血（图 1-140）。组织学检查可见小肠绒毛细胞脱落或形成空泡，肠绒毛萎缩变短。在结肠内可见细胞空泡化，但未见到脱落。病死猪尸体消瘦脱水，皮下干燥，眼球凹陷。与猪传染性胃肠炎相比，本病在胃黏膜出血方面不如猪传染性胃肠炎明显，肠绒毛萎缩变短、脱落也不如猪传染性胃肠炎明显。

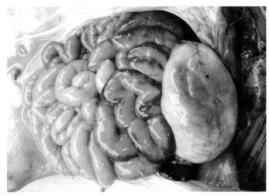

图 1-137 猪流行性腹泻病理变化（小肠卡他性炎症，肠壁充血、出血）

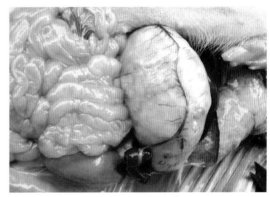

图 1-138 猪流行性腹泻病理变化（仔猪胃底出血而呈淡红色）

图 1-139 猪流行性腹泻病理变化（胃内黄白色凝乳块）

图 1-140 猪流行性腹泻病理变化（胃黏膜充血、出血）

5. 诊断

本病的诊断方法有多种，包括通过免疫荧光抗体试验、微量血清中和试验、酶联免疫吸附试验、聚合酶链式反应试验进行诊断，以及用胶体金快速病原诊断卡进行诊断（图1–141）等。其中，免疫荧光抗体试验的做法是取病猪腹泻48小时内的猪小肠，制成小肠黏膜涂片或冷冻切片，风干后固定，

图1–141　胶体金快速病原诊断卡显示抗原阳性

并加相应的荧光抗体染色后镜检。若在小肠各段内均可检出发荧光的阳性感染细胞即可诊断。该方法较为敏感，而且快速可靠，被广泛应用于本病的确诊。除此之外，胶体金快速病原诊断卡和聚合酶链式反应试验也被广泛地用于本病的诊断。

6. 预防

本病的预防，首先要做好疫苗免疫工作。对所有种猪1年要免疫3~4次的猪传染性胃肠炎–流行性腹泻二联灭活疫苗或活疫苗，或猪传染性胃肠炎–流行性腹泻–轮状病毒病三联灭活疫苗或活疫苗。具体来说，在每年入冬之前（即每年10~11月份）要对所有种猪免疫3~4次的二联或三联灭活疫苗或活疫苗，每次间隔20天。一般先免疫活疫苗2次，后免疫灭活疫苗2次。并采用后海穴注射，对仔猪或小猪酌情减少剂量，这对预防本病有一定效果。若只免疫1~2次上述疫苗，则免疫效果比较差。

其次，要加强饲养管理。在冬春寒冷季节，严禁从疫区引种猪，种猪引进后要隔离饲养15天以上。做好猪舍的防寒保暖和通风工作，保持猪舍干燥。在饲养上要提高饲料的能量水平，并提供充足的饮水（如有条件提供温水，预防效果更好）。此外，还要做好猪舍环境卫生工作，定期消毒，必要时可定期添加大蒜素、土霉素等药物进行保健预防。

7. 处理

（1）采取饥饿疗法。中大猪或保育猪发生本病时，要采取停食或大幅度限食措施。具体做法是：先清理猪栏内剩余的饲料，并做好猪舍内环境卫生，停食时间持续2~3天。在停食过程中为了防止猪腹泻脱水，要在食槽内放入一些干净的淡盐水或补液盐，这样有助于缩短病程，降低死亡率。

（2）采用药物治疗。由于本病是由病毒引起，目前尚未有特效的治疗药物，只能使用一些药物来减轻腹泻症状，如内服思密达粉或硅铝酸盐进行治疗（连用3~5天），也可内服络合碘制剂或杨树花口服液进行治疗。此外，对个别腹泻严重的病猪可肌内注射猪干扰素或猪白细胞介素或鸡新城疫Ⅰ系疫苗、博洛回注射液、硫酸阿托品注射液等药物，以减轻腹泻症状，降低死亡率。

（十）猪轮状病毒病

猪轮状病毒病是由轮状病毒引起，以急性胃肠炎为主要病症的一种仔猪肠道传染病。

1. 病原

本病病原为轮状病毒，属呼肠孤病毒科轮状病毒属，因其形态像车轮而得名。轮状病

毒粒子是一种直径65~75纳米的二十面体。轮状病毒的分离和体外培养比较困难。不同动物的轮状病毒均具有一共同抗原，可出现交叉感染。在猪体内，轮状病毒主要存在小肠上皮细胞（特别是小肠下2/3部分）。

2. 流行病学

患病的人、畜以及隐性感染的带毒猪都是重要的传染源。传染途径以消化道感染为主。本病的易感动物很多，包括犊牛、仔猪、羔羊、狗、幼兔、幼鹿、猴、小鼠以及禽类，儿童也易感。其中以仔猪、犊牛、儿童最常见。成年人、成年动物一般为隐性感染。一年四季均可发生，但多发生于晚冬至早春的寒冷季节。卫生条件差、大肠杆菌等并发感染，可使病情加剧。

3. 临床症状

本病在多数猪场都存在，其中新猪场比老猪场严重些。当饲养管理不良（如母猪奶水差、环境温度变化大、环境卫生差等）时，易诱发本病。本病常发生于60日龄以内的小猪，日龄越小，发病程度和死亡率越高。中大猪多为隐性感染，不表现症状。仔猪主要表现为精神委靡、厌食，并有呕吐和顽固性水样腹泻症状，粪便为黄色或白色，有的呈乳油样，并含絮状物（图1-142）。病程可持续1~2周。传染性不强，往往仅在一窝内相互传染，有时也会传给临近几窝小猪。

图1-142　猪轮状病毒病症状（黄色稀粪中含絮状物）

4. 病理变化

没有特征性病理变化，主要病理变化是小肠壁变薄（图1-143），肠绒毛中等萎缩，肠内充满黄色或灰白色液体和絮状物，肠系膜淋巴结肿大。

5. 诊断

在临床诊断上，要与非典型性猪瘟、猪伪狂犬病、猪传染性胃肠炎、猪流行性腹泻以及猪球虫病、猪大肠杆菌病等鉴别。通过聚合酶链式反应试验来检测粪便或肠内容物中的猪轮状病毒抗原，可予以确诊，也可采用胶体金快速病原诊断卡进行快速诊断（图1-144、图1-145）。

6. 预防

（1）加强饲养管理。做好母猪分娩舍的环境卫生和保温工作，加强母猪的饲养管理，保证母乳供应充足，及时做好仔猪黄痢、白痢防治工作，以免继发感染猪轮状病毒。

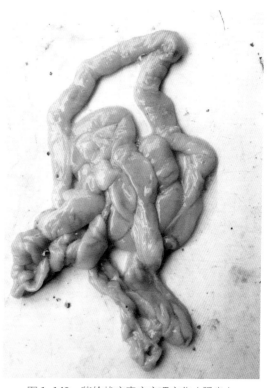

图1-143　猪轮状病毒病病理变化（肠炎）

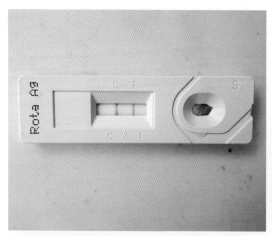
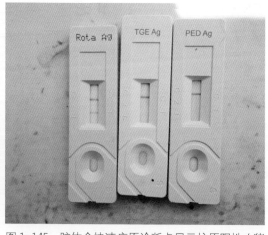

图 1-144　胶体金快速病原诊断卡显示抗原阳性　　图 1-145　胶体金快速病原诊断卡显示抗原阳性（猪传染性胃肠炎、猪流行性腹泻抗原阴性）

（2）在本病常发猪场，在母猪产前6周和2周各注射1次猪轮状病毒病灭活疫苗或三联灭活疫苗（剂量按说明书），对预防本病有一定效果。

7. 处理

发生本病时，可使用抗生素控制继发感染；使用猪干扰素或鸡新城疫 I 系疫苗诱导产生干扰素，以提高仔猪自身抗病力；使用人工补液盐控制和缓解脱水症状。此外，还要做好保温、护理等管理措施。

（十一）猪德尔塔冠状病毒病

猪德尔塔冠状病毒病是由猪冠状病毒科中的 δ - 冠状病毒引起，以腹泻为病症的一种仔猪新型肠道病毒病。该病于 2012 年首次在中国香港猪群中发现，2014 年在美国发病猪群中被检出，随后韩国及我国内地也相继报道有该病的存在。近年来，该病呈上升趋势，且呈世界流行性。

1. 病原

国际病毒分类委员会将冠状病毒分为 α - 冠状病毒、β - 冠状病毒、γ - 冠状病毒以及 δ - 冠状病毒 4 个属，其中前二者只感染人和哺乳动物，γ - 冠状病毒只感染禽类，而 δ - 冠状病毒能同时感染哺乳动物（包括猪）和禽，对公共安全是有潜在的威胁。δ - 冠状病毒属于一种新发现的冠状病毒，有囊膜，单股正链 R N A，目前只有少数几个研究团队能利用猪睾丸细胞和猪肾细胞成功地分离该病毒；关于该病毒的一些特性有待进一步研究。

2. 流行病学

本病多见于冬春季节。通过人工感染试验及流行病学调查，该病毒可感染所有年龄段猪只，但死亡率主要集中在哺乳仔猪。若本病毒与其他腹泻病毒或肠道细菌共同感染时，其临床症状更为严重，危害更大。

3. 临床症状

本病的症状与猪传染性胃肠炎、流行性腹泻的症状极为相似，只是程度会轻些。主要表现为呕吐、水样腹泻、粪便呈黄色（图1-146）、脱水、食欲减少等。各年龄段猪都会发生，但哺乳仔猪更严重。仔猪表现发病突然，传播迅速，持续腹泻2~4天后脱水死亡，病死猪肛门口松弛（图1-147）。病死率一般为30%~40%，有时可高达100%。生长猪、成年猪及母猪发病轻微，一般几天后可自愈，但生产性能会受到不同程度的影响。此外，有时本病还可导致仔猪出现肺炎。

图1-146 猪德尔塔冠状病毒病症状（仔猪拉黄色稀粪）　图1-147 猪德尔塔冠状病毒病症状（肛门口松弛）

4.病理变化

剖检可见，病死猪胃内有未消化的凝乳状物，小肠变薄、松弛，盲肠和结肠肿大、肠内充满黄色液体（图1-148），小肠黏膜充血、出血，肠系膜充血。有时肺脏出现粉红色肉样病变。病理切片显示胃小凹和小肠上皮细胞变性、坏死，继而导致肠绒毛严重萎缩。

5.诊断

本病的病原诊断方法有病毒分离培养与鉴定、间接免疫荧光抗体试验、聚合链式反应试验等。抗体检测方法可采用酶联免疫

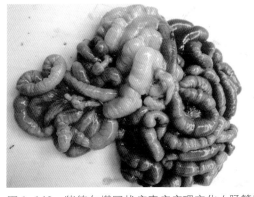

图1-148 猪德尔塔冠状病毒病病理变化（肠管肿大、出血）

吸附试验。在临床上要注意与传染性胃肠炎、流行性腹泻、轮状病毒病、伪狂犬病以及球虫病鉴别诊断，此外也要注意本病与上述疾病的混合感染。

6.预防

鉴于本病是近几年才发现的新病，人们对其认识还比较不足，也没有相应疫苗可供使用，在生产实践中，重点要加强日常饲养管理。在冬春寒冷季节，要做好猪舍的防寒保暖工作，保持猪舍干燥，做好猪舍环境卫生，必要时可定期在母猪料中添加大蒜素等药物进行保健预防。

7.处理

由于本病是由病毒引起的，目前尚未有特效的治疗药物，只能使用一些药物来减轻腹

泻症状。对个别腹泻严重的病猪可肌内注射猪干扰素或白细胞介素等药物,以减轻腹泻症状,降低死亡率。

(十二)猪细小病毒病

猪细小病毒病是由猪细小病毒引起的一种母猪繁殖障碍性传染病,猪胎儿感染死亡,而母猪本身不表现明显症状。

1. 病原

本病病原为猪细小病毒,属于细小病毒科细小病毒属,外观呈圆形或六角形,直径20~28纳米,二十面体等轴立体对称,无囊膜,基因组为单链线状DNA。猪细小病毒可在几乎所有猪的原代细胞、传代细胞上生长繁殖。受感染的细胞表现为变圆、固缩和裂解等病理变化,用免疫荧光技术可查出胞浆中的病毒抗原。可在细胞中产生核内包涵体,这些包涵体通常为散在分布。

猪细小病毒能凝集豚鼠、大鼠、小鼠、鸡、鹅、猫、猴和人O型红细胞。pH适应范围很宽,在pH3~9稳定。对乙醚、氯仿等脂溶剂有抵抗力,甲醛消毒和紫外线照射需要相当长时间才能将其杀灭,0.5%漂白粉或20%氢氧化钠溶液5分钟可将其杀灭。

2. 流行病学

猪细小病毒在各地的猪群中广泛存在,不同年龄、性别、品种的猪都可感染。在易感猪群初次感染时,往往呈急性暴发或散发性流行,造成相当数量的头胎母猪发生流产、产死胎等繁殖障碍。感染猪的排泄物和精液是主要传染源(从粪便和分泌物等多种途径排毒)。猪细小病毒可经交配、呼吸道、消化道水平传染,也可经胎盘垂直传染。鼠类可机械性传播本病。

3. 临床症状

本病多见于第一胎初产母猪。集约化饲养的母猪场的发病率要比散养的高。病母猪主要表现为流产、死产、产木乃伊胎和产弱仔。其中,妊娠早期(10~30天)感染的母猪,会出现返情、屡配不上或窝产仔数少等现象;妊娠31~50天感染的母猪,在分娩时产出的大部分胎儿为木乃伊胎(黑仔),怀孕母猪的腹围逐渐缩小;妊娠51~60天感染的母猪在分娩时产出的大部分胎儿为浅黑色木乃伊胎;妊娠后期感染的母猪主要表现为流产或产弱仔胎。多数母猪无明显的临床症状,少数有体温升高、后躯不灵活等症状。

4. 病理变化

病母猪的子宫有轻度炎症,胎盘不完全钙化(图1-149),产出胎儿的大小不均匀。有的胎儿死亡早,往往被溶解吸收;有的胎儿出现充血、水肿,或呈现大小不等的木乃伊胎病变(图1-150)。

5. 诊断

在临床上从母猪没有明显症状、初产母猪多见、有一定传染性、产出大小不等的死胎和木乃伊胎等可做初步诊断。必要时取木乃伊胎和母猪血液进行进一步的病毒分离、聚合酶链式反应试验、免疫荧光抗体试验以及血凝抑制试验而作出确诊。

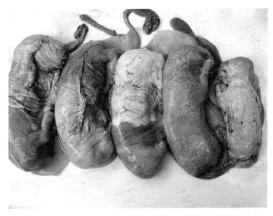 

图 1-149　猪细小病毒病病理变化（胎盘钙化不全）　图 1-150　猪细小病毒病病理变化（产大小不等的木乃伊胎）

6. 预防

初产母猪在配种前 2 个月开始要注射 2 次猪细小病毒病灭活疫苗，使母猪产生足够的抗体，以保护胎儿在早期、中期、后期不被感染。也可以把经产的老母猪与年轻后备母猪混养一段时间或用一定量的老母猪粪便污染后备年轻母猪，也有一定的预防效果。

7. 处理

本病无有效的治疗方法和药物，受到感染的母猪康复后可以产生较高的抗体，往往可达到终身保护。一般来说，母猪到了第二胎以后，本病的发病率会明显减少。

（十三）猪流行性乙型脑炎

猪流行性乙型脑炎又称猪乙型脑炎、猪日本脑炎、猪日本乙型脑炎，是由流行性乙型脑炎病毒引起的一种人畜共患传染病。

1. 病原

本病病原为猪流行性乙型脑炎病毒，属于黄病毒科黄病毒属。流行性乙型脑炎病毒粒子呈球形，有囊膜，属于 RNA 病毒。对外界抵抗力不强，在 56℃下 30 分即被灭活。有血凝活性，能凝集鸡、鸽、鸭及绵羊红细胞。

2. 流行病学

猪是流行性乙型脑炎病毒的易感动物，同时也是病毒的主要贮存宿主，还是病毒的扩增器。流行过程是猪—蚊—猪，或蚊—猪—蚊。猪发生本病康复后可能会再发，但症状一次比一次轻，最后表现为无症状的隐性感染。目前本病在猪场多为隐性感染或散发感染。

3. 临床症状

各种日龄猪均可发病，其中对公猪、母猪危害较大。每年的 5~10 月是本病发生高峰季节。母猪感染后一般无明显临床症状，有时出现发热、不吃，一段时间后会出现流产，或正常分娩但产出的胎儿有死胎、木乃伊胎（图 1-151），或产弱仔。公猪常发生睾丸炎，其中多为单侧性（图 1-152），少为双侧性。初期肿胀明显，有热痛感表现，炎症消退后睾丸逐渐萎缩变硬，性欲减退，精液品质下降。小猪和中大猪也会感染发病，个别病猪表现脑神经症状。

图 1-151　猪流行性乙型脑炎症状（产木乃伊胎）

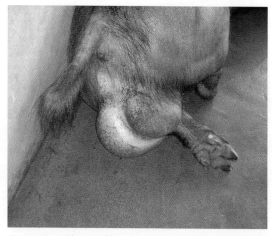

图 1-152　猪流行性乙型脑炎症状（公猪单侧睾丸炎）

4. 病理变化

母猪出现子宫内膜炎，即子宫黏膜充血、出血、水肿以及溃烂。胎儿脑部水肿或积水（图1-153），皮下和腹腔也出现水肿（图1-154），内脏实质性器官出现散在的坏死灶和点状出血，脑部也出现散在的出血点。公猪的睾丸表现睾丸炎病变（先有炎症后出现萎缩、硬化和粘连等病变）。小猪和中大猪脑膜充血、出血。

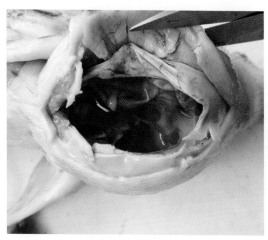

图 1-153　猪流行性乙型脑炎病理变化（胎儿脑部积水）

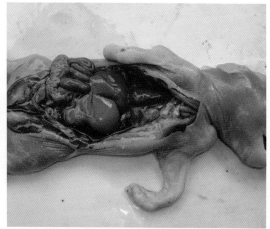

图 1-154　猪流行性乙型脑炎病理变化（流产胎儿皮下和腹腔水肿）

5. 诊断

根据发病具有明显的季节性、公猪和母猪会同时出现繁殖障碍等表现，可作出初步诊断。必要时进行病毒分离、聚合酶链式反应试验、免疫荧光抗体试验、血凝抑制试验等予以确诊。

6. 预防

在管理上要做好猪场环境卫生和灭蚊工作，切断传播途径。同时要做好猪流行性乙型脑炎的疫苗免疫，目前使用的疫苗有2种，即活疫苗和灭活疫苗。一般安排每年的4~5月，对猪场所有的公母猪及保育猪和架子猪接种1次猪流行性乙型脑炎活疫苗或灭活疫苗。

7. 处理

本病无有效的治疗药物，一旦公母猪感染本病病原后最好予以淘汰，同时要做好胎儿、胎盘以及分泌物等无害化处理和消毒工作。

（十四）猪肠病毒病

猪肠病毒病是由猪肠病毒引起，以产死胎、木乃伊胎为主要症状的一种母猪传染病。

1. 病原

本病病原为猪肠病毒，属于小核糖核酸病毒科肠病毒属。猪肠病毒粒子直径22~30纳米，呈圆形，无囊膜，核心为单链RNA。对热的抵抗力较强。共有11个血清型，不同血清型其致病性有所差异。

2. 流行病学

猪是猪肠病毒的唯一宿主，不同日龄猪均易感，其中以幼龄猪更易感。病猪、康复猪、隐性感染猪是本病的主要传染源。本病多为散发，大型养猪场的第一胎母猪可表现为地方流行性。

3. 临床症状

本病主要发生于外购的新母猪。病母猪主要表现为发情迟缓、流产、产木乃伊胎（图1-155），或产少数弱仔（与猪细小病毒病的症状很相似）。除表现繁殖障碍外，有些血清型还表现为肺炎、心肌炎、心包炎、脑脊髓炎、腹泻等病症。

4. 病理变化

病母猪产大小不等的木乃伊胎，有的死亡胎儿皮下和肠系膜水肿，体腔积水，脑膜和肾脏皮质出血。

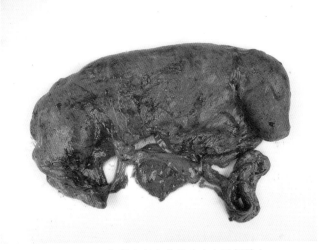

图1-155 猪肠病毒病症状（产木乃伊胎）

5. 诊断

取流产胎儿病变组织做细胞培养或聚合酶链式反应试验，进行病毒分离鉴定。在临床上要与猪细小病毒病鉴别诊断。

6. 预防

初购母猪在配种之前可用老母猪的粪便进行人工接种，使其产生免疫力，也可以与老母猪混养一段时间后再配种。

7. 处理

本病无特效药，到第二胎后就很少发生。

（十五）猪传染性脑脊髓炎

猪传染性脑脊髓炎又称捷申病、塔番病、猪脑脊髓灰质炎、猪病毒性脑脊髓炎等，是由猪肠病毒引起，因中枢神经受损而出现一系列神经症状的一种猪传染病。

1. 病原

本病的病原为小核糖核酸病毒科肠病毒属的猪肠病毒。猪肠病毒直径 22~30 纳米，呈球形、无囊膜，核心为单链 RNA。对多种消毒剂有抵抗力。根据中和试验，可将猪肠病毒分为 11 个血清型，其中引起猪传染性脑脊髓炎的主要为 1 型，而 2、3、5 型引起的症状比较温和，病死率也不高。

2. 流行病学

猪传染性脑脊髓炎是一种散发性疾病，仅见于猪。各种日龄和品种猪均易感，但幼龄猪比成年猪更易感。病猪、带毒猪和隐性感染猪为主要传染源。传播途径主要通过消化道和呼吸道感染，也可能通过人、动物、工具间接传播。

3. 临床症状

本病多发生于 4~5 周龄仔猪，而成年猪多为隐性感染。在新疫区，发病率和死亡率较高，在老疫区则呈散发性。病猪早期体温升到 40~41℃，厌食，倦怠，随后出现寒战和运动性共济失调（图 1-156）。仔猪对声音刺激或触摸刺激较敏感，并出现角弓反张、眼球震颤、抽搐或麻痹症状，最后昏迷而死亡。一般只限在一窝或一栏内小猪发病。症状较轻的病猪经精心护理可逐渐恢复正常，但有可能出现肌肉萎缩等后遗症。

图 1-156　猪传染性脑脊髓炎症状（共济失调）

4. 病理变化

无明显的肉眼病变，有时可见脑部充血、出血病变（图 1-157），组织学检查可见脑神经细胞变性及在脑部血管周围形成的淋巴细胞套管。

5. 诊断

本病的诊断要依靠脑组织病毒分离和鉴定。此外，也可通过中和试验或酶联免疫吸附试验测定临床急性期和恢复期猪血清中本病的抗体水平变化，从而作出间接诊断。

6. 预防

做好猪舍消毒工作，对外购猪做好隔离工作。

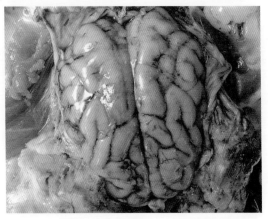

图 1-157　猪传染性脑脊髓炎病理变化（脑部充血、出血）

7. 处理

目前尚无特效的方法防治本病。在生产实践中可采用检疫、隔离、扑杀、消毒等一般性处理措施。

（十六）猪痘

猪痘是由猪痘病毒引起的一种猪急性、热性、接触性传染病。

1. 病原

本病病原为猪痘病毒，属于痘病毒科猪痘病毒属。猪痘病毒大小为 300 纳米 ×250 纳米 ×200 纳米，粒子呈砖形或卵圆形，有囊膜，是最大型病毒，属于双链 DNA 病毒。可在猪的皮肤或其他上皮和睾丸细胞内进行培养传代，也可在猪肾细胞和兔肾细胞中培养并产生细胞病变。抵抗力不强，用一般消毒剂和阳光照射 10 分钟即可杀死。

2. 流行病学

猪痘病毒只感染猪，而不感染其他动物。其中以 4~6 周龄小猪易感，成年猪有抵抗力。本病的传播方式主要是通过血虱、蚊、蝇等体外寄生虫传播，而不能通过直接接触传播。一年四季均可发生，但以冬春寒冷阴雨季节多发。卫生条件差的猪场，发病率高。

3. 临床症状

病猪主要表现为体温升高，食欲不振，眼结膜潮红。在鼻镜、眼眶、腹部、股内侧等处皮肤上有许多红斑，2~3 天后出现水疱（图 1-158）、脓疱，其病灶表面呈脐状突出于皮肤表面，最后变成棕黄色结痂（图 1-159、图 1-160）。发病率可达 30%~50%，个别可并发细菌感染而死亡，死亡率较低（1%~3%）。

4. 病理变化

除了皮肤出现红斑、水疱、结痂等炎症反应外，内脏器官无明显病变。

图 1-158　猪痘症状（皮肤上水疱）

图 1-159　猪痘症状（耳朵和鼻盘皮肤上棕黄色结痂）

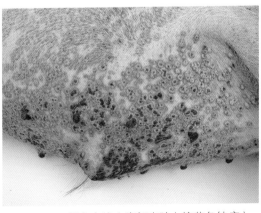

图 1-160　猪痘症状（腹部皮肤上棕黄色结痂）

5. 诊断

根据临床症状和病理变化可作出初步诊断。必要时可取病变的皮肤组织进行组织学检查，在细胞的胞浆内发现病毒包涵体，即可确诊。此外，也可通过聚合酶链式反应试验进行确诊。

6. 预防

平时要做好饲养管理和清洁卫生工作，及时灭蚊、灭蝇、灭虱，切断本病的传播途径。

7. 处理

发病时对病猪进行隔离、消毒和对症治疗，局部皮肤可用甲紫溶液、硫酸庆大霉素涂抹。有全身发热症状的病猪可肌内注射青霉素、安乃近、地塞米松进行对症治疗。病猪康复后可获得较强免疫力。

（十七）猪水疱病

猪水疱病是由猪水疱病病毒引起的一种猪接触性传染病。

1. 病原

本病病原为猪水疱病病毒，属于小核糖核酸病毒科肠道病毒属。猪水疱病病毒粒子呈球形，直径 30~32 纳米。成熟的病毒粒子在胞浆中呈晶格状排列。对环境和消毒药有较强的抵抗力。在猪肾原代细胞或传代细胞上容易增殖。

2. 流行病学

各种日龄、品种猪均可发病，一年四季也均可发病。在潮湿、饲养密度大、卫生条件差的猪舍更易发病。发病率高达 70%~80%，但死亡率低。

3. 临床症状

病猪主要表现为蹄部、口腔、鼻盘、母猪乳房等部位皮肤出现水疱以及溃烂斑（图1-161），轻度的病例仅在蹄部发生几个水疱。

4. 病理变化

除了口腔、蹄部、母猪乳房等部位皮肤出现水疱和炎症外，内脏器官无明显的病理变化。

5. 诊断

取水疱液和水疱皮送检，进行病毒分离、鉴定。在临床上要注意与猪口蹄疫、塞内卡病毒病鉴别诊断。

图1-161　猪水疱病症状（蹄部水疱及溃烂斑）

6. 预防

无本病存在的非疫区，要禁止从疫区调猪苗和猪肉产品。要尽量做到自繁自养。在疫区或受威胁地方，可使用相应疫苗进行免疫接种。

7. 处理

对发病猪加强护理，对症治疗，防止继发感染，大多数可自愈。

（十八）猪塞内卡病毒病

猪塞内卡病毒病是由小 RNA 病毒科的 A 型塞内卡病毒引起的一种猪急性热性传染病。该病毒首次于 2002 年在美国报道，2007 年被证实是加拿大猪原发性水疱病的致病病原。2014~2015 年，在美国、巴西等多国均发现该病毒导致猪原发性水疱病。2015 年 3 月，该病毒首次在我国广东检出，近两三年，该病毒在我国多地的猪场中被检出。该病历史短，许多问题有待深入研究。

1. 病原

A 型猪塞内卡病毒大小为 25~30 纳米，无囊膜，呈二十面体对称，基因组长约 7.2 千碱基，单链正股 RNA。目前仍缺少关于该病毒的一些理化特性。

2. 流行病学

病猪及亚临床带毒猪的排泄物是主要传染源，其中鼻盘、蹄冠、口唇等部位的水疱中含有大量病毒。易感动物主要是猪，各日龄段均可发生。此外，牛和小鼠等动物也会带病毒。可通过接触传播或气溶胶传播。本病多见于春秋两季。

3. 临床症状

病猪在鼻盘、鼻孔、口腔黏膜及蹄部冠状带出现水疱（图 1-162），有的蹄壳脱落。病猪表现站立困难、跛行、体温升高、嗜睡、厌食、精神不振等症状。哺乳仔猪会出现急性死亡，日龄越小死亡率越高。据报道，7 日龄内仔猪死亡率可高达 30%~70%，偶尔伴有腹泻症状。

4. 病理变化

病猪的口鼻及蹄部出现水疱，病中后期出现水疱破溃及炎症（图 1-163 至图 1-165）。剖检可见淋巴结水肿、出血，肺脏气肿和小叶性肺炎，心脏坏死，病理切片显示脑神经细胞周围出现"卫星现象"。

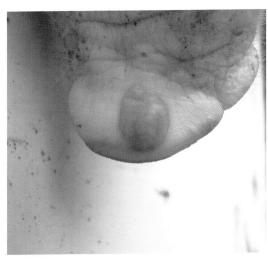

图 1-162 猪塞内卡病毒病症状（鼻盘水疱）

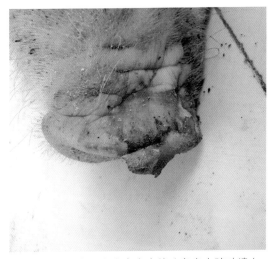

图 1-163 猪塞内卡病毒病症状（鼻盘皮肤破溃）

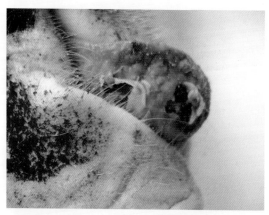
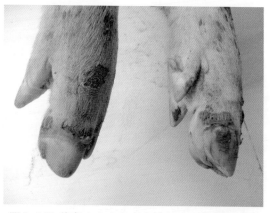

图 1-164 猪塞内卡病毒病症状（舌头黏膜破溃）   图 1-165 猪塞内卡病毒病症状（蹄冠皮肤破溃）

5. 诊断

本病的诊断有赖于病毒分离、鉴定和聚合酶链式反应试验。在临床上应注意与猪口蹄疫、水疱疹、水疱性口炎以及水疱病鉴别诊断。

6. 预防

目前，本病尚无疫苗可用，也没有有效的治疗手段，但可以采用如下措施：

（1）加强检疫工作，对来自疫区的货物及猪产品要做好检疫工作。

（2）做好疫情监测工作，日常开展猪塞内卡病毒的血清学调查，做到"早发现、早报告、早隔离、早诊断、早扑灭"。

7. 处理

做好疫情处置工作。在生产中如发现口蹄出现水疱，建议按照口蹄疫的防控预案进行封锁扑杀，防止疫情扩散。

二、猪细菌性、支原体性和真菌性传染病

（一）猪大肠杆菌病

猪大肠杆菌病是由致病性大肠杆菌引起的一种小猪肠道传染病。其中以仔猪黄痢、仔猪白痢和小猪水肿病为常见临床病症。这里着重介绍仔猪黄痢、白痢。

1. 病原

本病病原为致病性大肠杆菌。大肠杆菌是革兰染色阴性、中等大小的杆菌，有鞭毛，无芽孢，能运动，但也有无鞭毛不运动的变异株；多数无菌毛，少数菌株有荚膜；菌体大小为（1~3）微米 ×（0.4~0.7）微米。仔猪黄痢的病原以 O_8、O_{45}、O_{60}、O_{101}、O_{115}、O_{138}、O_{139}、O_{141}、O_{149}、O_{157} 等较为常见，多数具有 K_{88} 表面抗原，能产生肠毒素；仔猪白痢的病原一部分与仔猪黄痢、小猪水肿病相同，以 O_8K_{88} 较多见；小猪水肿病的病原一部分与仔猪黄痢相同，常见的有 O_2、O_{138}、O_{139}、O_{141} 等，但表面抗原有所不同，大多数菌株能溶解绵羊红细胞。

大肠杆菌为需氧或兼性厌氧菌，营养琼脂培养基上生长 24 小时后，形成半透明近似灰白色的圆形菌落，菌落隆起、边缘整齐、光滑、湿润。麦康凯琼脂培养基上生长 18~24 小时后形成红色菌落。在沙门菌 – 志贺菌琼脂培养基上一般不生长或生长较差。抵抗力中等，各菌株间可能有差异。在潮湿、阴暗而温暖的外界环境中，存活不超过 1 个月。各地分离的大肠杆菌菌株对抗菌药物的敏感性差异较大。易产生耐药性。

2. 流行病学

仔猪黄痢发生于 1 周龄以内的仔猪，仔猪白痢主要发生于 10~30 日龄的仔猪。带菌母猪和病仔猪排出的粪便，污染母猪皮肤及奶头后，经消化道传染健康仔猪。饲养管理不善，猪舍卫生条件差（图 2-1）、潮湿，气候剧变，仔猪保温效果差（图 2-2），饲料中矿物质（主要是硒）、维生素（主要是 B 族和 E）缺乏或不足的猪群，易发生大肠杆菌病。

图 2-1　猪舍卫生条件差

图 2-2　仔猪保温效果差

3. 临床症状

猪大肠杆菌病在临床上表现为仔猪黄痢、仔猪白痢、小猪水肿病，以及由其他病因继发大肠杆菌后产生腹泻等情况，其中以仔猪黄痢、白痢最为常见。仔猪黄痢主要表现为拉黄色或黄绿色稀粪，粪内含凝乳片和小气泡，腥臭（图2-3至图2-7）。仔猪腹泻后迅速消瘦、脱水和死亡，死亡率可高达50%以上。仔猪白痢主要表现为拉白色（图2-8）、黄白色稀粪，干涸后为瓷白色(图2-9)。病猪的体温和食欲一般无明显变化，但可看到仔猪皮毛粗糙，发育迟缓，经治疗后绝大多数可恢复正常，死亡率较低。

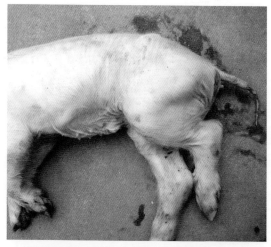

图2-3　猪大肠杆菌病症状（拉黄色稀粪）

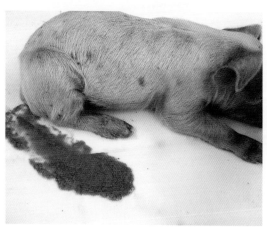

图2-4　猪大肠杆菌病症状（拉黄绿色稀粪）

图2-5　猪大肠杆菌病症状（粪便稀而黄）

图2-6　猪大肠杆菌病症状（粪便黄白色）

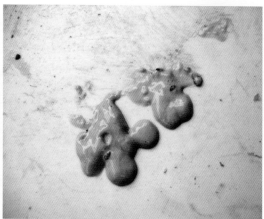

图2-7　猪大肠杆菌病症状（粪便呈黄色糊状）

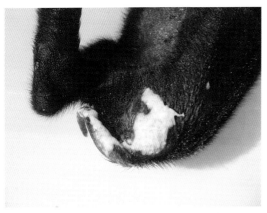 

图 2-8　猪大肠杆菌病症状（拉白色稀粪）　　　图 2-9　猪大肠杆菌病症状（拉黄白色稀粪，干涸后呈瓷白色）

4. 病理变化

　　黄痢死亡的仔猪，脱水病变明显（消瘦、眼球凹陷），胃空虚，肠道胀气明显，内含大量黄绿色液体（图 2-10），肠黏膜充血、出血，有时肾脏有针尖状出血点（图 2-11），肠系膜淋巴结肿大（图 2-12）。白痢死亡的仔猪，尸体也有不同程度的消瘦和脱水病变，胃有乳白色凝乳块，胃黏膜充血，小肠有卡他性肠炎，大肠内积有乳白色糊状内容物。

图 2-10　猪大肠杆菌病病理变化（肠道胀气，内含黄绿色液体）

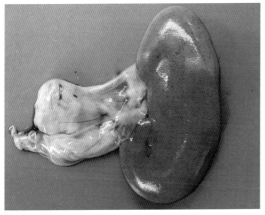 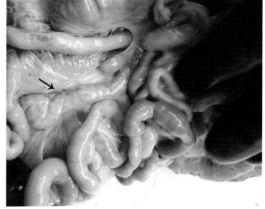

图 2-11　猪大肠杆菌病病理变化（肾脏针尖状出血点）　　图 2-12　猪大肠杆菌病病理变化（肠系膜淋巴结肿大）

5. 诊断

　　取病死猪的肠内容物或淋巴结分离致病性大肠杆菌（图 2-13），大肠杆菌在麦康凯培养基上长出红色菌落（图 2-14）。值得一提的是，若在淋巴结或十二指肠前段分离到致病性

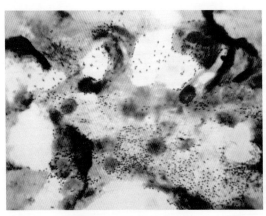
图 2-13　大肠杆菌形态

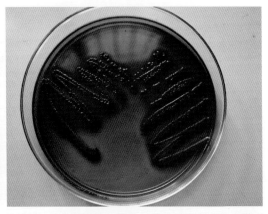
图 2-14　大肠杆菌在麦康凯培养基上长出红色菌落

大肠杆菌，则具有诊断意义。若在小肠后段以及粪便中分离到大肠杆菌，还要进一步进行生化鉴定，以确定是否为致病性大肠杆菌。

6. 防治

仔猪黄痢、白痢的预防，要做好 4 个方面工作：

（1）母猪在产前 30 天和 15 天分别注射 1 次大肠杆菌 K_{88}、K_{99}、987P 三价灭活疫苗或 K_{88}、K_{99} 双价基因工程疫苗，这对保证初乳中有较高的母源抗体而使仔猪不发生黄痢、白痢，有一定效果。

（2）做好母猪产前、产后的饲养管理工作，保证母猪吃料正常，不发生母猪乳房炎、子宫内膜炎综合征，保证初乳的正常供应，这对预防仔猪黄痢、白痢至关重要。

（3）做好分娩舍的保温、防潮工作，也是预防仔猪黄痢、白痢的重要环节。

（4）使用一些保健药物，提高仔猪抵抗力，防止仔猪腹泻。如出生时灌服一些抗生素或微生态制剂，3 日龄肌内注射牲血素或猪白细胞干扰素等。

治疗仔猪黄痢、白痢的药物非常多。按药物种类来分，有抗生素、磺胺类药物、干扰素、补液盐、收敛止泻药、助消化药、微生态制剂等。常用内服的药物有恩诺沙星、土霉素、盐酸小檗碱、硫酸新霉素、硫酸阿米卡星、硫酸庆大霉素、硫酸黏菌素、磺胺类药物、乙酰甲喹等。常用肌内注射的药物有乳酸环丙沙星、恩诺沙星、硫酸庆大霉素、硫酸阿米卡星、硫酸安普霉素、氟苯尼考、磺胺类药物、乙酰甲喹、盐酸小檗碱等。如有条件可根据药敏试验结果筛选敏感药物，以提高治疗效果，节省药费，降低死亡率。

（二）猪水肿病

猪水肿病是由致病性大肠杆菌的毒素与某些营养缺乏共同作用而引起的一种小猪急性、致死性传染病。

1. 病原

本病的病原为致病性大肠杆菌。据最新研究表明，本病除了与大肠杆菌有关外，还与饲料中缺乏维生素 E 和亚硒酸钠有一定关系。

2. 流行病学

断奶后小猪多发,有时大至4月龄的中猪也偶有发生,体格健壮、生长快的小猪更易发生。传染源主要是带菌母猪和小猪。传染途径以消化道感染为主,同一栏内的猪只易相互传染。本病一般只限于个别猪群或个别猪栏,有时也呈地方流行性。本病的发生率不高,但死亡率很高,可达90%以上。

3. 临床症状

病猪主要表现为突然发病,体温不高,四肢运动障碍,后躯软脚无力(图2-15),共济失调,叫声嘶哑,对各种刺激较敏感,倒地时四肢划动似游泳状,眼睑水肿,眼球突出(图2-16)。死亡快,一栏中零星出现发病死亡,传播速度慢。

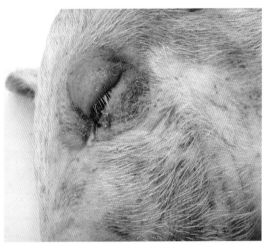

图2-15 猪水肿病症状(后躯软脚无力) 　图2-16 猪水肿病症状(眼睑水肿,眼球突出)

4. 病理变化

病死猪膘情良好,上下眼睑水肿,结肠襻水肿(图2-17),淋巴结胶样水肿明显,肠黏膜水肿,胃大弯的黏膜层与肌肉层之间呈胶冻样水肿(图2-18),胆囊壁也有水肿病变(图2-19)。

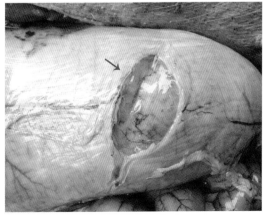

图2-17 猪水肿病病理变化(结肠襻水肿) 　图2-18 猪水肿病病理变化(胃大弯黏膜层与肌肉层之间呈胶冻样水肿)

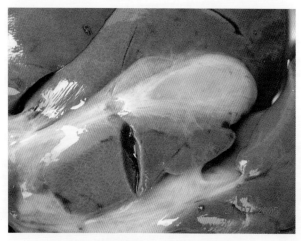

图 2-19　猪水肿病病理变化（胆囊壁水肿）

5. 诊断

从临床症状和病理变化可作出初步诊断。在临床上，要注意与猪单纯性营养不良造成的水肿鉴别诊断。必要时可对肠系膜淋巴结进行大肠杆菌的分离鉴定，分离到大肠杆菌的 OK 菌群，其中以 O_{139} 多见，即可确诊。

6. 防治

加强饲养管理，对哺乳仔猪可提早补料，断奶仔猪不要突然改变饲料配方和饲养方式。在饲料中要提高维生素 E 和亚硒酸钠的含量，可大大地减少本病的发生。在仔猪 2 日龄、10 日龄以及 25 日龄时各注射 1 次含硒补铁制剂，可明显减少本病的发生。

本病发生后要及时隔离病猪，进行单独治疗，使用广谱抗生素（如恩诺沙星注射液），适当补充亚硒酸钠和维生素 E，采取对症治疗措施，如注射利尿或强心针剂等。对其他假定健康猪要添加一些广谱抗生素以及亚硒酸钠 – 维生素 E 粉和多种维生素，以控制病情。已出现软脚、倒地症状的病猪，一般预后不良。

（三）仔猪副伤寒

仔猪副伤寒又称猪沙门菌病，是由沙门菌属细菌引起，以皮肤发绀、顽固性腹泻为主要症状的一种仔猪消化道传染病。

1. 病原

本病病原为沙门菌。沙门菌为两端钝圆、中等大小的直杆菌，革兰染色阴性，无芽孢，无荚膜，有周鞭毛，大小为（0.4~0.9）微米 ×（1~3）微米，能运动。沙门菌需氧或兼性厌氧，能在普通平板培养基上生长。常见的猪沙门菌有猪霍乱沙门菌、猪伤寒沙门菌、鼠伤寒沙门菌、肠炎沙门菌等。沙门菌对干燥、阳光等有一定抵抗力，对消毒剂抵抗力不强。

2. 流行病学

1~4 月龄小猪易发本病。传染源主要是病猪和带菌猪。传染途径以消化道感染为主。健康猪带菌现象非常普遍，沙门菌常存在于消化道内，当外界不良因素导致小猪抵抗力下降时，可被激活而发生内源性感染。本病一年四季均可发生，潮湿多雨季节易发，一般为散发或呈地方流行性。

3. 临床症状

病猪精神委顿，食欲减少，并出现顽固性腹泻，粪便呈水样或为黄绿色带纤维状稀粪（图 2-20）。几天后，耳朵、嘴巴、腹部、四肢末端等处皮肤发红发紫（图 2-21）。目前，本病在集约化大猪场中发病率较低，只有在农村散养户中仍有零星发生。

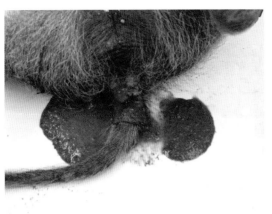

图 2-20　仔猪副伤寒症状（拉黄绿色稀粪）

图 2-21　仔猪副伤寒症状（耳朵等处皮肤发红发紫）

4.病理变化

除了皮肤出现紫红色变化外，最主要的病理变化是在盲肠、结肠的肠壁出现局灶性（图 2-22）或弥漫性增生性坏死（图 2-23），肠黏膜表面覆盖一层糠麸样坏死组织（图 2-24）。其他内脏器官有时也有坏死性病变，如小肠壁局灶性坏死（图 2-25）。

5.诊断

在临床上从病猪出现顽固性腹泻和后期出现耳朵、腹部皮肤发红发紫可作出初步诊断。对病死猪的肝脏、脾脏、淋巴结等病变组织做进一步细菌分离，培养出沙门菌（图 2-26），经生化鉴定即可确诊。

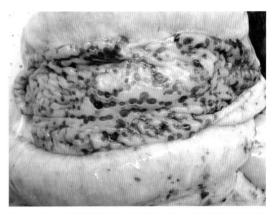

图 2-22　仔猪副伤寒病理变化（结肠壁局灶性坏死）

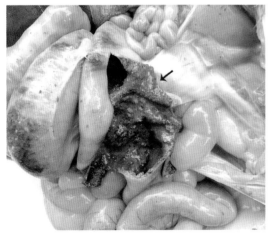

图 2-23　仔猪副伤寒病理变化（大肠壁大面积坏死）

图 2-24　仔猪副伤寒病理变化（结肠内壁糠麸状坏死）

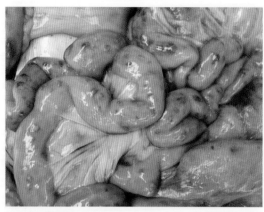
图 2-25　仔猪副伤寒病理变化（小肠壁局灶性坏死）

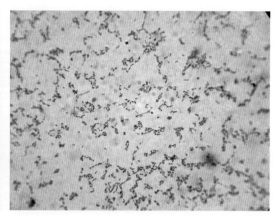
图 2-26　沙门菌形态

6. 防治

预防措施如下：

（1）在本病流行的地区或猪场要免疫接种仔猪副伤寒活疫苗（30日龄左右免疫1头份），对预防本病有一定效果。

（2）加强饲养管理，包括做好环境卫生，尽量减少断奶、转群、气候转变等不良应激，在小猪断奶后一段时间内要定期添加广谱抗生素（如氟苯尼考、硫酸新霉素、喹诺酮类等）、磺胺类药物进行预防。

对于症状较轻的病例，可在每1000千克饲料中添加盐酸金霉素300克、磺胺二甲基嘧啶300克，同时肌内注射氟苯尼考注射液（每千克体重10~30毫克），连用3~5天，有较好效果。若耳朵、腹部等处皮肤发红发紫，则预后不良。有时配合使用维生素C注射液和磺胺间甲氧嘧啶钠注射液进行肌内注射，有一定效果。

（四）仔猪红痢

仔猪红痢又称仔猪梭菌性肠炎、猪传染性坏死性肠炎，是由C型魏氏梭菌引起，仔猪出现肠毒血症的一种消化道传染病。

1. 病原

本病的病原为C型魏氏梭菌，又称C型产气荚膜梭菌。C型魏氏梭菌革兰染色阳性，有荚膜，不运动，大小为（1~1.5）微米×（4~8）微米。芽孢呈卵圆形，位于菌体的中央或近端，可产生外毒素。在普通培养基上易生长，在厌氧肝汤中培养时呈均匀浑浊，并产生大量气体。最突出的生化特性是牛乳培养基的"暴烈发酵"。

2. 流行病学

C型魏氏梭菌在自然界中分布较广，在母猪的肠道内也常见。猪场一旦存在本病，易形成疫源地，不易根除。本病多发生于1~3日龄仔猪，7日龄以上小猪很少发生。无明显的发病季节。传染途径以消化道感染为主。

3. 临床症状

病仔猪主要表现为排出红褐色血样稀粪（图 2-27），粪便有腥臭味，粪便中带有少量组织碎片和气泡。有时粪便的颜色为浅红色或巧克力色（图 2-28）。死亡率高，病程短。日龄超过 7 天的小猪发病，则表现为间歇性或持续性腹泻，粪便为黄褐色并带黏液，病猪生长缓慢，逐渐衰竭而死亡。

图 2-27 仔猪红痢症状（拉红褐色血样稀粪）

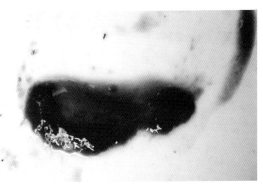

图 2-28 仔猪红痢症状（粪便呈巧克力色）

4. 病理变化

病死猪的空肠呈暗红色（图 2-29），肠腔内容物呈红褐色并混杂小气泡。有时本病可波及回肠前段，病变部分与正常肠段界限分明。病变肠管的黏膜广泛性出血（图 2-30），有时肠黏膜上覆盖以褐色坏死性伪膜。有时在空肠、回肠病变肠段的浆膜下可见数量不等的小气泡。肠系膜淋巴结肿大或出血。

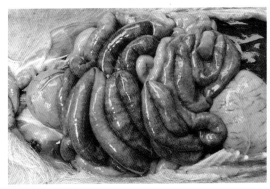

图 2-29 仔猪红痢病理变化（空肠呈暗红色）

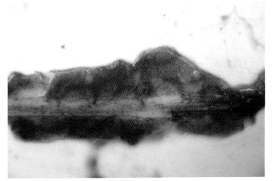

图 2-30 仔猪红痢病理变化（小肠黏膜广泛性出血）

5. 诊断

根据仔猪发病日龄、拉血样粪便、死亡快、空肠黏膜出血等症状和病理变化，可作出初步诊断。本病的确诊，要做肠道细菌的分离鉴定以及肠内毒素的检查。

6. 防治

预防措施如下：

（1）在本病经常发生的母猪场，可安排在母猪产前 30 天、15 天各免疫注射 1 次仔猪红痢灭活疫苗 5~10 毫升。

（2）加强母猪和仔猪的饲养管理，特别是做好猪舍的清洁卫生工作，定期予以消毒。

（3）药物预防。仔猪出生后可内服一些药物（如恩诺沙星、土霉素、微生态制剂）进行预防。

本病由于发病急、死亡率高，治疗效果比较差。具体治疗方法可参照猪大肠杆菌病。

（五）猪增生性肠炎

猪增生性肠炎又称猪增生性肠病、猪增生性出血性肠炎、猪小肠腺瘤病、猪回肠炎、猪坏死性肠炎、猪局部性肠炎等，是由专性细胞内寄生的劳森菌引起，回肠出现增生病变的一种小猪接触性传染病。

1. 病原

本病的病原为专性细胞内寄生的劳森菌。劳森菌为弯曲形、逗点形、S形或直的杆菌，大小为（1.25~1.75）微米 ×（0.25~0.34）微米，无鞭毛，革兰染色阴性，抗酸染色阳性，用银染法可着色。劳森菌不易培养。常存在猪小肠上皮细胞的胞质内，也可见于粪便中，对消毒剂敏感。

2. 流行病学

本病呈全球性散发或流行。主要侵害猪，此外仓鼠、狐狸等动物也有感染报道。猪品种中以白色品种易感（如长白猪、大白猪及其杂交猪），发病日龄多见于6~16周龄的育肥猪。仔猪或成年猪多呈隐性感染或呈现慢性经过，发病率为5%~25%，病死率为1%~10%。感染猪拉出的粪便是本病的主要传染源。某些应激因素及免疫抑制性疾病可诱发本病。

3. 临床症状

猪病主要表现为精神沉郁，消瘦，食欲减少，皮肤苍白，粪便变稀或间歇性下痢，在粪便中常混有血液或呈黑色焦油样稀粪（图2-31）。慢性病例则表现为贫血，生长缓慢。发病率5%~25%，死亡率则相对较低。

4. 病理变化

本病的全身性病变为贫血、消瘦。主要病变集中在回肠，有时可发展到盲肠和结肠。轻度时，回肠局部出现增生坏死（图2-32）、出血病变（图2-33），回肠壁增厚如硬管状

图2-31 猪增生性肠炎症状（拉焦油样稀粪）

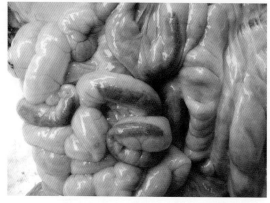

图2-32 猪增生性肠炎病理变化（回肠局部增生坏死）

（习惯上称"袜管肠"，图2-34），打开肠腔可见肠内容物空虚，肠壁上的皱褶非常明显（类似大脑的脑回），肠壁出现坏死病变（图2-35），肠腔内出血（图2-36），有时在盲肠和结肠也可见到肠壁增厚以及肠管内可见黑色焦油状内容物。肠系膜淋巴结肿大。

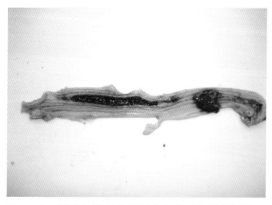

图2-33　猪增生性肠炎病理变化（回肠局部坏死、出血）　图2-34　猪增生性肠炎病理变化（回肠壁增厚如硬管状）

图2-35　猪增生性肠炎病理变化（回肠壁皱褶明显并坏死）　图2-36　猪增生性肠炎病理变化（肠腔内出血）

5.诊断

根据临床症状、病理变化可作出初步诊断。用回肠黏膜涂片，再用改良的抗酸染色法和姬姆萨染色法染色镜检，如在增生性肠管上皮细胞内见到大量小弯杆菌（长度为1.25~1.75微米），则可予以确诊。此外，也可以聚合酶链式反应试验进行确诊，也可抽取猪血采用酶联免疫吸附试验检测病原的抗体。劳森菌是细胞内寄生，不易进行细菌培养。

6.防治

预防措施如下：

（1）提高猪场饲养管理水平，实现"全进全出"的饲养制度，搞好环境卫生，加强消毒。

（2）由于本病被多数人认为是多因素、多病原共同产生作用的（特别是与猪圆环病毒病、猪痢疾等疾病有关），所以在预防上可用磷酸泰乐菌素、替米考星、延胡索酸泰妙菌素等药物配合四环素类、磺胺类药物使用。各猪场可根据本场发病情况采用间歇性给药。

本病的治疗也是选用磷酸泰乐菌素、替米考星、延胡索酸泰妙菌素等药物配合四环素类、磺胺类药物。由于劳森菌是细胞内寄生，在治疗时必须连用 10~15 天（1 个疗程），同时间隔 2 周后还要再重复 1~2 个疗程。

（六）猪痢疾

猪痢疾又称猪血痢，是由致病性猪痢疾密螺旋体引起，以黏液性、出血性下痢为特征的一种猪传染病。

1. 病原

本病病原为猪痢疾密螺旋体，存在于病变肠段黏膜、肠内容物以及粪便中。虫体长度 6~8.5 微米，宽 0.32~0.38 微米，有 4~6 个弯曲，两端尖锐。在暗视野显微镜下观察可见旋转运动。普通的阿尼林染色可以着色，革兰染色阴性或弱阳性。培养条件苛刻，对外界的抵抗力也较强，对热和干燥敏感，对消毒剂也敏感。

2. 流行病学

猪痢疾密螺旋体在自然流行中只导致猪发病，各种日龄猪均可感染，其中以 7~12 周龄猪更易感。无明显的发病季节。病猪和带菌猪是本病的传染源，传染途径以消化道感染为主，本病的流行过程比较缓慢，可持续几个月。

3. 临床症状

病猪出现黏液性、出血性腹泻（图 2-37）。粪便中含有胶冻样黏液或血液或脱落的肠黏膜组织碎片，腥臭味。病猪食欲减退，口渴，弓背吊腹，不同程度脱水、消瘦和贫血。一栏内的猪传播速度快，但在整个猪场中传播速度较慢。急性病例死亡快，若治疗及时，死亡率较低。有些慢性病例病程可持续 1 个月。

4. 病理变化

大肠壁和肠系膜充血、出血、水肿，大肠内容物混有血液、黏液以及组织碎片（图 2-38），有时大肠黏膜表面会形成一层麸皮状假膜。

图 2-37 猪痢疾症状（黏液性、出血性腹泻）

图 2-38 猪痢疾病理变化（肠内容物混有血液、黏液及组织碎片

5. 诊断

在显微镜下，从结肠黏膜或粪便中检出猪痢疾密螺旋体（图 2-39）而确诊。

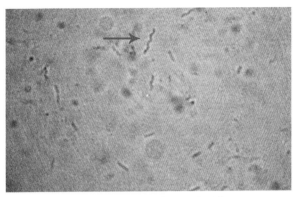

图 2-39　猪痢疾密螺旋体形态

6. 防治

做好预防工作，要求自繁自养，不从有本病病史的猪场引种，同时注意加强饲养管理，做好猪舍卫生、饲料卫生、饮水卫生，其中饮水卫生和冲猪栏用水卫生尤为关键。遇到冬春寒冷季节还要保持猪舍清洁干燥，做好防寒保暖工作。

发病时可使用多种药物进行治疗，如乙酰甲喹、磺胺类药物等。其中乙酰甲喹是首选药物，0.01%~0.03% 拌料饲喂，连续用药 3~4 天即可控制病情。此外，若病情严重可配合使用止血药物和其他肠道消炎药物，可提高本病的治愈率。

（七）猪结肠螺旋体病

猪结肠螺旋体病是一种由结肠菌毛样螺旋体引起的一种猪肠道传染病，又称猪肠道螺旋体病。本病主要发生于生长肥育猪，其中多见于 20~50 千克体重的猪只。感染猪拉水样稀粪，降低饲料转化率，在中后期还可出现拉血便，甚至死亡现象。近 10 多年来，本病在世界各地的规模化养猪场中越来越普遍，成为影响养猪业的重要疾病之一。

1. 病原

本病病原为结肠菌毛样螺旋体，长 6~10 微米，宽 0.25~0.30 微米，具有特征性的 4~7 根环绕胞浆的鞭毛，末端尖细，运动时呈典型螺旋状前进。革兰染色为阴性，培养环境需厌氧，具微溶血性。病原对外界环境的抵抗力很强，在室温条件下可存活数天，在环境温度 4℃ 时可在粪便及污染的土壤中存活数月。对消毒药抵抗力不强，用普通的消毒药均能迅速将其杀灭。

2. 流行病学

本病的潜伏期为 3~20 天，潜伏期的长短取决于猪只感染菌体数量及饲养管理条件。猪只在长途运输、突然更换饲料、饲养密度大、猪舍潮湿及猪场卫生条件差时易诱发本病，其中尤以饲料的突然更换后 1~2 周发病最为常见。主要发生于 20~50 千克体重阶段的肥育猪，也发生于断奶保育猪或 50 千克体重以上的中大猪，种猪和哺乳仔猪很少发生。

本病的传染途径主要通过消化道接触传播。传染源主要是感染猪或带病猪的粪便和污水，此外，猪场中的垫料、水槽、冲洗猪栏的污水，以及猪场内的其他生物（如鼠、蟑螂等）也是重要的传播媒介。本病的发病率通常为 5%~10%，有些猪场中的某一阶段或某些栏中的感染率可达 100%。

3. 临床症状

在饲养管理条件改变后（如换料后 1~2 周），猪只表现腹泻。初期，病猪多数排出绿色或棕色水样稀粪，有的排出黏液样稀粪。感染猪还出现消瘦、弓背症状，但采食仍基本正常。随着病情发展，病猪排出黄褐色稀粪（图 2-40）或血便，并出现少量病猪死亡。整个病程可持续 2~14 天，多数病猪会自愈，有些病猪自然康复或治愈后一段时间又会反复出现腹泻症状。

4. 病理变化

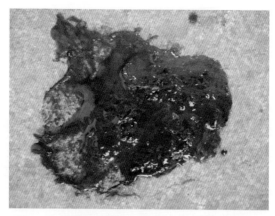

图 2-40 猪结肠螺旋体病症状（拉黄褐色稀粪）

病死猪外观消瘦，个别皮肤苍白。病程短的病例，剖检可见盲肠和结肠肿大明显，切开盲肠和结肠可见肠内容物松软并含大量黏液，肠黏膜有不同程度的充血和出血病变。有些伴有明显的溃疡和坏死灶。病程稍长的病例，剖检可见盲肠和结肠肿大坏死明显，切开肠道可见内容物为粉红色糊状物，结肠壁增厚坏死（图 2-41），结肠内膜表面出现局灶性或大面积坏死（图 2-42），肠系膜淋巴结和结肠淋巴结肿大明显。除大肠病变外，其他内脏器官病变不明显。

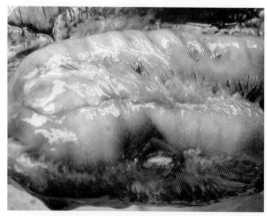

图 2-41 猪结肠螺旋体病病理变化（结肠壁坏死）

图 2-42 猪结肠螺旋体病病理变化（结肠内膜坏死）

5. 诊断

在生产实践中，若猪场中的保育猪或育肥猪经常出现排黏液性或麦粥样稀粪，那么要考虑是否为猪结肠螺旋体病。本病确诊，一方面有赖于在发病早期，取相关病例的结肠或盲肠的肠壁内刮取物直接镜检或固定染色后镜检，检出结肠菌毛样螺旋体；另一方面取病变盲肠和结肠组织进行病理切面，检出大量的猪结肠螺旋体黏附在肠上皮细胞顶端而形成浓密的毛发状结构（又称"假刷状缘"），也可予以确诊。此外，可对分离出的螺旋状细菌进行聚合酶链式反应试验或生化试验（结肠菌毛样螺旋体具有弱溶血性、能水解马尿酸盐、D-核糖阳性等特性）。临床上，本病须与猪增生性肠炎、猪痢疾、猪毛首线虫病、猪小袋纤毛虫病及猪沙门菌病鉴别诊断。

6. 防治

目前本病尚无有效的疫苗，只能通过加强饲养管理和生物安全来预防本病。首先，猪场要坚持自繁自养，不要到发病猪场去引种猪。其次，要加强饲养管理，做好猪场的各项生物安全工作（包括猪场的灭鼠、杀虫和防鸟工作），保持猪舍卫生清洁和干燥，保证通风和透光。不同批次猪不混群饲养，提倡"全进全出"饲养模式，杜绝饲喂霉变或变质饲料，饮水要清洁。尽可能避免猪场中的各种不良应激（特别注意换料应激），定期对猪舍和环境进行消毒处理，必要时可用漂白粉对饮用水进行定期消毒，不用池塘内污水来冲洗猪圈。

本病的治疗方案与猪痢疾相似，可选用乙酰甲喹（又名痢菌净，按每吨饲料添加100~200克，连用5~7天）、延胡索酸泰妙菌素预混剂（按每1000千克饲料添加100克，连用5~7天）、盐酸沃尼妙林预混剂（按每千克料添加75克，连用10天）、乙酰异戊酰泰乐菌素预混剂（按每千克饲料添加50克，连用7天）、磷酸泰乐菌素预混剂（按每千克饲料100克，连用7~10天）、盐酸林可霉素预混剂（按每千克饲料添加44~77克，连用1~3周）等，均有一定效果，其中首选药物为乙酰甲喹。此外，对有拉血便的病例可结合肌内注射维生素 K_3 或维生素 B_{12} 等注射液，以提高本病的治疗效果。

（八）副猪嗜血杆菌病

副猪嗜血杆菌病又称猪运输热或革拉泽病，是由副猪嗜血杆菌引起，以多发性浆膜炎和关节炎为病症的一种猪细菌性传染病。

1. 病原

本病病原为副猪嗜血杆菌，属于巴氏杆菌科嗜血杆菌属。多存在于猪的呼吸道和有炎症的浆膜中，为革兰染色阴性的小杆菌；呈多形性，从球杆状到长丝状；只能在含V因子的培养基（如巧克力琼脂培养基等）上生长。若用血液琼脂培养，必须与葡萄球菌交叉接种，在37℃条件下经36~48小时培养后，副猪嗜血杆菌在葡萄球菌菌苔的周边充分生长，并形成卫星现象。

副猪嗜血杆菌血清型复杂多样，目前可分为15个血清型，各血清型的致病力不同，其中血清1、5、10、12、13、14型毒力最强，其次是血清2、4、8、15型，而血清3、6、7、9、11型毒力相对较弱。各地猪场发生本病时所分离菌株的血清型不同，其中以2、4、5、13型较为常见。

2. 流行病学

各种年龄猪均可发病，其中以断奶前后的仔猪和保育阶段的小猪多发，中大猪及母猪常为隐性感染。以往本病多见于长途运输或不良应激后，其他情况下发病较少。近年来，本病呈现快速上升趋势，据调查感染率可达80%~100%，这与近年来猪圆环病毒病等免疫抑制性疾病增多有直接关系。

3.临床症状

病猪主要表现为发热、食欲不振、消瘦、被毛粗乱（图2-43）、咳嗽，呼吸困难，可视黏膜和皮肤发绀呈现淡紫色，四肢关节肿大（图2-44），皮下水肿（图2-45），跛行。部分病猪还表现脑神经症状。发病率可达50%~100%，死亡率20%~50%。耐过猪表现为皮肤苍白，生长缓慢，顽固性厌食，零星死亡。

图2-43 副猪嗜血杆菌病症状（被毛粗乱）

图2-44 副猪嗜血杆菌病症状（四肢关节肿大）

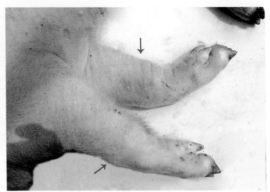

图2-45 副猪嗜血杆菌病症状（两前肢皮下水肿）

4.病理变化

剖检可见多发性的浆膜炎和关节炎。在胸腔可见胸膜炎（图2-46），表现肺脏与肋骨膜粘连，肺脏肿大和实变，心包积液（图2-47），心肌表面有纤维素性渗出物（图2-48）。在腹腔可见明显的白色凝乳状纤维素性渗出物以及浆膜粘连，有时也有丝状纤维素性渗出物（图2-49至图2-51）。四肢肿大明显，切开四肢皮肤可见浆液性皮下水肿（图2-52）。此外，本病还可导致猪脑膜炎、肌炎以及肺脏水肿等病变。

图2-46 副猪嗜血杆菌病病理变化（胸膜炎）

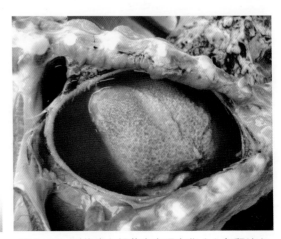

图2-47 副猪嗜血杆菌病病理变化（心包积液）

图 2-48　副猪嗜血杆菌病病理变化（心肌表面有纤维素性渗出物）

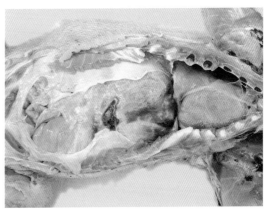

图 2-49　副猪嗜血杆菌病病理变化（胸腔、腹腔粘连和渗出物）

图 2-50　副猪嗜血杆菌病病理变化（腹腔白色纤维性渗出物）

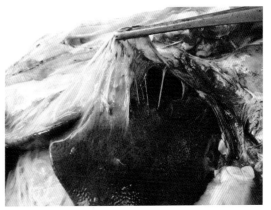

图 2-51　副猪嗜血杆菌病病理变化（肝脏浆膜粘连）

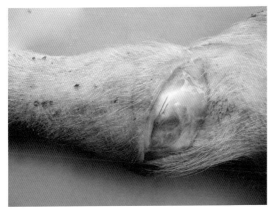

图 2-52　副猪嗜血杆菌病病理变化（皮下浆液性水肿）

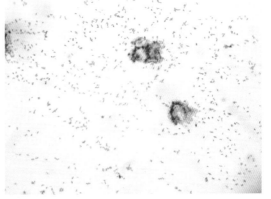

图 2-53　副猪嗜血杆菌形态（车勇良）

5. 诊断

　　根据临床症状、病理变化可作出初步诊断。但要注意与猪传染性胸膜肺炎、猪链球菌病（关节炎型）鉴别诊断。本病的确诊有赖于对病变组织进行细菌镜检（图 2-53）、细菌的分离培养和鉴定，还可以通过聚合酶链式反应试验对本病作出准确的诊断。此外，可以通过血清学检查猪群的血液有无病原的抗体，若没有注射过疫苗而抗体阳性，表明该猪感染过或正感染副猪嗜血杆菌。

6. 防治

预防措施如下：

（1）做好母猪的猪圆环病毒病、猪繁殖与呼吸综合征，以及副猪嗜血杆菌病的净化工作，加强饲养管理，减少不良应激。

（2）对于本病比较严重的猪场，可选用含相应血清型的副猪嗜血杆菌病多价灭活疫苗对母猪和仔猪进行免疫，具体使用方法参照说明书。

（3）可选用敏感药物（如氨苄西林钠、头孢噻呋钠、盐酸林可霉素硫酸大观霉素预混剂等药物）进行预防。

许多抗生素对副猪嗜血杆菌都敏感。据药敏试验结果：副猪嗜血杆菌对氨苄西林钠、阿莫西林、头孢噻呋钠以及盐酸林可霉素、硫酸大观霉素比较敏感，土霉素、磺胺类药物、氟苯尼考等也有一定的效果。对于母猪来说，肌内注射盐酸林可霉素、氨苄西林钠或阿莫西林配合黄芪多糖注射液有一定效果；同时采用阿莫西林或盐酸林可霉素、硫酸大观霉素配合黄芪多糖粉进行拌料或饮水治疗，也有一定效果。对于小猪来说，除了使用上述药物进行饮水或拌料治疗外，也可选用头孢噻呋钠进行肌内注射；使用5~7天1个疗程后，间隔2周再重复1个疗程，有较好效果。对于已形成器质性病变的严重病例，治疗效果不好。

（九）猪传染性胸膜肺炎

猪传染性胸膜肺炎又称猪胸膜肺炎，是由胸膜肺炎放线杆菌引起的一种猪细菌性呼吸道传染病。

1. 病原

本病病原为胸膜肺炎放线杆菌，早期被称为副溶血嗜血杆菌。胸膜肺炎放线杆菌包括2个生物型：生物 I 型，即依赖 V 因子生长的原胸膜肺炎嗜血杆菌（包括血清型1~12型和15型）；生物 II 型，即也能引起猪坏死性胸膜肺炎的似溶血性巴氏杆菌，其生长不依赖 V 因子（包括血清型13、14型）。生物 I 型毒力最强，危害性最大。

胸膜肺炎放线杆菌为革兰染色阴性小球杆状菌或纤细的小杆菌，具有多形性，有荚膜。兼性厌氧，在巧克力琼脂培养基上培养24~48小时可形成不透明淡灰色的菌落，直径1~2毫米。在牛或羊血琼脂平板上通常产生 β 溶血环，产生的溶血素与金黄色葡萄球菌的 β 毒素具有协同作用，可增强其溶血圈。

目前胸膜肺炎放线杆菌分为15个血清型，我国主要以血清7型为主，2、4、5、10型也存在。抵抗力不强，易被一般消毒药杀灭。

2. 流行病学

各种年龄的猪均易感，通常6~42周龄的猪较为多发。病猪和带菌猪是本病的传染源。猪场或猪群之间的传播，多数是引进或混入带菌猪、慢性感染猪所致。病原通过直接接触而经呼吸道感染。拥挤和通风不良可加速传播。种公猪在本病的传播中也起重要作用。

本病在 4~5 月和 9~10 月多发，具有明显的季节性。饲养环境条件突然改变、密集饲养、通风不良、气候突变及长途运输等均可引起本病发生。

3. 临床症状

急性病例往往发病突然，体温升高到 41.5℃以上，食欲不振，精神沉郁，继而表现为呼吸高度困难，常呈犬坐姿势或张口伸舌，严重时可见从口鼻流出粉红色带泡沫的液体（图 2-54）。口、鼻、耳朵、四肢末端等处的皮肤呈紫红色（图 2-55）。死亡快，病死率可达50% 以上。慢性病例则病程较长，表现为体温不高，呈间歇性咳嗽，喘气明显，生长迟缓，饲料报酬下降。

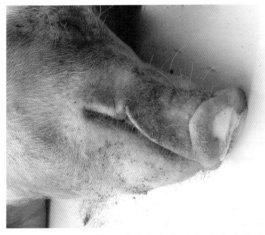

图 2-54 猪传染性胸膜肺炎症状（鼻孔流出带泡沫液体）

图 2-55 猪传染性胸膜肺炎症状（耳朵等处皮肤呈紫红色）

4. 病理变化

气管和支气管内含有大量泡沫状粉红色液体，胸腔积液明显（图 2-56），肺脏表面有纤维性物质渗出（图 2-57），肺脏与肋骨膜以及肺脏与心包均粘连（图 2-58）。心脏表面有纤维素性渗出物，并形成"绒毛心"（图 2-59），心包积液。肺脏肿大，充血、出血，以及出现不同程度的实变。其他脏器无明显病变。

图 2-56 猪传染性胸膜肺炎病理变化（胸腔积液明显）

图 2-57 猪传染性胸膜肺炎病理变化（肺脏表面有纤维素性渗出物）

图 2-58 猪传染性胸膜肺炎病理变化（肺脏与肋骨膜粘连）

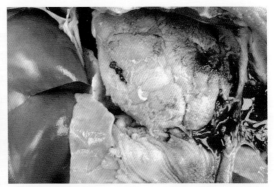

图 2-59 猪传染性胸膜肺炎病理变化（心脏表面纤维素性渗出物，形成"绒毛心"）

5. 诊断

根据临床症状和病理变化可作出初步诊断。必要时可取肺脏病变组织进行染色镜检，以及用血液营养琼脂在葡萄球菌的 V 因子作用下进行厌氧培养和细菌鉴定。此外，也可用间接血凝试验测定猪血液中的猪传染性胸膜肺炎抗体进行间接诊断。

6. 防治

预防措施如下：

（1）采取综合性的预防措施，搞好猪舍卫生，加强饲养管理，尽量减少各种不良应激，做好其他有关呼吸道疾病的预防工作。

（2）本病比较严重的猪场，可选用含有当地流行菌株的猪传染性胸膜肺炎灭活疫苗进行免疫接种，有一定效果。

（3）药物预防。对本病较为严重的猪场可定期使用广谱抗生素（如氟苯尼考、盐酸林可霉素硫酸大观霉素预混剂、阿莫西林等）进行预防，有一定效果。

本病的治疗药物也很多，其中首选氟苯尼考(可内服或肌内注射)，其次是盐酸林可霉素、头孢噻呋钠、阿莫西林等，均有不同程度的治疗效果。如有条件可通过药敏试验，选用敏感药物进行治疗，可获得最佳的治疗结果。

鉴于猪传染性胸膜肺炎在临床上常继发或并发于其他呼吸道传染病（如猪支原体肺炎、猪圆环病毒病等），所以在缺乏有效诊断条件的猪场可采用如下治疗方案：每 1000 千克饲料添加氟苯尼考 100~150 克、盐酸多西环素 200~300 克、替米考星 100 克、黄芪多糖 100~150 克，连续用药 3~5 天；个别病猪可选氟苯尼考、盐酸林可霉素、头孢噻呋钠等注射液进行肌内注射，每日 1 次，连用 3~4 天，有较好效果。

（十）猪巴氏杆菌病

猪巴氏杆菌病又称猪肺疫，俗称"锁喉疯"，是由猪多杀性巴氏杆菌引起的一种猪急性传染病。

1. 病原

本病病原为猪多杀性巴氏杆菌，属于巴氏杆菌科巴氏杆菌属，为两端钝圆、中央微凸的短杆菌，大小为（0.2~0.4）微米 ×（0.4~0.8）微米；单个存在，无鞭毛，无芽孢，无运动性，产毒株则有明显的荚膜；革兰染色阴性，用美蓝或瑞氏染色呈明显的两极着色，但陈旧的培养物或多次继代的培养物两极着色不明显。需氧或兼性厌氧，最适生长温度为 37℃。根据菌株间抗原成分的差异，猪多杀性巴氏杆菌可分为多个血清型。

猪多杀性巴氏杆菌抵抗力很低，在自然界中生存时间不长，在浅层的土壤中可存活 7~8 天，粪便中可存活 14 天。一般消毒药在数分钟内均可将其杀死。

2. 流行病学

各种日龄、品种猪均易感，其中以小猪和中猪的发病率高。本病属于条件性疾病，与猪的饲养环境条件变化、猪的自身抵抗力强弱有密切关系。病猪和带菌猪是主要传染源。病猪的排泄物、分泌物中含有相应的病菌，会污染饲料、饮水、用具及外界环境，经消化道而传染给健康猪，或由咳嗽、喷嚏排出的病原通过飞沫经呼吸道传染。经吸血昆虫，或损伤皮肤、黏膜也可发生传染。

本病一般无明显的季节性，但以冷热交替、气候剧变、闷热、潮湿、多雨时期发生较多。猪多杀性巴氏杆菌平时可隐性存在于畜禽体内某些部位（如鼻道深处、喉头、扁桃体等）。本病多为散发，有时可呈地方流行性。不同畜、禽之间一般不易互相传染。

3. 临床症状

最急性的病例往往看不到症状就突然死亡在猪栏内（图 2-60），鼻孔可见流出粉红色带泡沫液体（图 2-61、图 2-62）。全身呈现败血症症状，如在耳朵、颈部、腹部等处皮肤出现出血性红斑。急性病例以败血症和急性肺炎为主，表现胸前皮肤水肿出血（图 2-63），呼吸困难，有时表现"犬坐式"张口呼吸，咳嗽明显，流鼻涕，有时出现黏液性或脓性结膜炎。若治疗不及时在 2~3 天内死亡。慢性病例表现为持续的咳嗽，呼吸困难，病猪渐进性消瘦，腹部皮肤水肿（图 2-64），最后衰竭死亡。

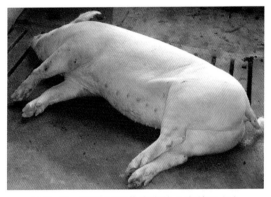

图 2-60　猪巴氏杆菌病症状（突然死亡）

图 2-61　猪巴氏杆菌病症状（突然死亡，鼻孔流出带泡沫分泌物）

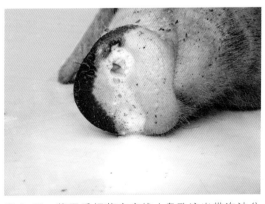

图 2-62　猪巴氏杆菌病症状（鼻孔流出带泡沫分泌物）

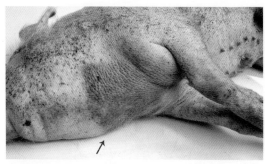

图 2-63 猪巴氏杆菌病症状（胸前皮肤水肿出血）　　图 2-64 猪巴氏杆菌病症状（腹部皮肤水肿）

4. 病理变化

最急性的病例可见鼻孔和支气管内积有粉红色泡沫（图 2-65），咽喉部皮下出现胶冻样水肿（图 2-66），心肌和心冠脂肪有出血点或出血斑（图 2-67），全身皮肤有出血斑。急性病例可见胸腔和心包积液，肺脏有各期肺炎病变（如出血斑、水肿、气肿、肉样变及纤维素性渗出物）（图 2-68、图 2-69），有时可见肺脏与胸膜粘连，支气管淋巴结肿大。慢性病例可见肺脏有不同程度的肉样变，有时可见肺脏局部坏死或化脓灶，肺脏与肋骨膜、胸膜粘连。有时肝脏表面有白色点状坏死灶（图 2-70）。

图 2-65 猪巴氏杆菌病病理变化（气管内充满粉　　图 2-66 猪巴氏杆菌病病理变化（咽喉部皮下出
红色泡沫）　　　　　　　　　　　　　　　　　现胶冻样水肿）

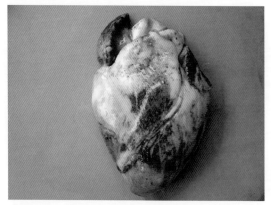
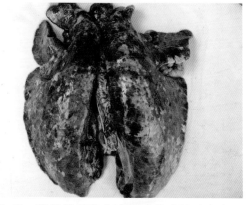

图 2-67 猪巴氏杆菌病病理变化（心肌、心冠脂　　图 2-68 猪巴氏杆菌病病理变化（肺脏出血、
肪出血点或出血斑）　　　　　　　　　　　　　气肿）

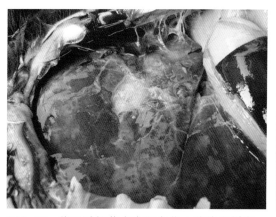

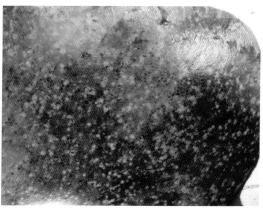

图 2-69　猪巴氏杆菌病病理变化（肺脏肉样变，并有纤维素性渗出物）

图 2-70　猪巴氏杆菌病病理变化（肝脏表面点状坏死灶）

5.诊断

根据临床症状、病理变化可作出初步诊断。本病的确诊有赖于肺脏病变组织镜检或细菌培养分离到两极浓染的巴氏杆菌（图 2-71）。值得一提的是，本病在临床上可以单独发病，也常与其他呼吸道疾病（如猪支原体肺炎，猪传染性胸膜肺炎等）并发，必须注意鉴别诊断。

6.防治

预防措施如下：

（1）加强饲养管理，定期消毒猪舍，尽量减少各种不良应激（气候温差大是最主要诱因）。

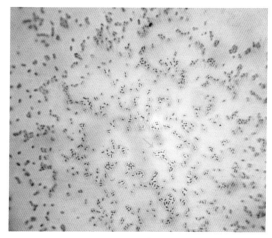

图 2-71　猪多杀性巴氏杆菌形态

（2）在本病常发的猪场可用疫苗进行免疫。目前可供使用的疫苗有：猪巴氏杆菌病活疫苗、猪瘟－丹毒－巴氏杆菌病三联活疫苗等。其中单苗的免疫效果比联苗好，注射比内服效果好。在使用疫苗前 1~2 天及使用后 7~10 天要禁止使用各种抗生素或磺胺类药物。

（3）药物预防。在遇到天气转变或平时饲养过程中可定期添加一些广谱抗生素（如土霉素、氟苯尼考、盐酸林可霉素等）进行预防，也可用大蒜素进行保健预防。

当猪群发现猪巴氏杆菌病时，需全群投药治疗。治疗性的药物包括阿莫西林、氟苯尼考、土霉素、磺胺类药物等。连续用药 3~5 天为 1 个疗程。停药 1~2 周后再重复用药 1 个疗程。对个别病猪要及时隔离治疗，可肌内注射头孢噻呋钠、阿莫西林、氟苯尼考、恩诺沙星、盐酸环丙沙星、盐酸林可霉素、磺胺嘧啶钠等注射液。如有条件可进行细菌培养和药敏试验，筛选出敏感的药物进行治疗。等病情稳定后，可安排猪场进行猪巴氏杆菌病的疫苗免疫。值得一提的是，在发病期间不能进行本病的疫苗免疫，否则会加重病情。

（十一）猪传染性萎缩性鼻炎

猪传染性萎缩性鼻炎是由产毒素多杀性巴氏杆菌和支气管败血波氏杆菌共同引起的一种猪慢性呼吸道传染病。

1. 病原

产毒素多杀性巴氏杆菌是本病的主要病原，支气管败血波氏杆菌是本病次要和温和性病原。根据荚膜抗原，可将产毒素多杀性巴氏杆菌分为 A、B、D、E 4 个血清型，其中 D 型为主要血清型，毒力也最强。支气管败血波氏杆菌为球杆菌或小杆菌，呈两极浓染，革兰染色阴性，大小为（0.2~0.3）微米 × 1.0 微米，散在或成对排列。一般的消毒剂对上述两种细菌均有杀灭作用。

2. 流行病学

本病主要发生于猪，犬、猫、牛、羊等也可导致慢性鼻炎症状。不同日龄猪对本病均易感，但出生几天至几周龄的小猪更易感。病猪和带菌猪是本病的传染源。本病主要经飞沫传播，母猪也可通过密切接触经呼吸道传染给仔猪。

3. 临床症状

在小猪阶段，病猪主要表现为打喷嚏、鼻塞以及不同程度的卡他性鼻炎表现（图 2-72）。随着病情的发展，鼻甲骨逐渐变形，且压迫鼻泪管而出现流泪、眼炎症状，眼角出现黑色的"泪斑"（图 2-73）。随着病情的进一步发展，鼻甲骨萎缩，致使鼻腔和面部变形，即出现歪鼻子现象（图 2-74）。此时病猪常常在打喷嚏后流鼻血（图 2-75），严重的可因流血不止

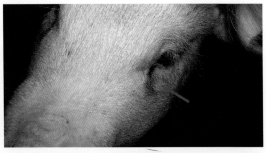

图 2-72　猪传染性萎缩性鼻炎症状（卡他性鼻炎）　　图 2-73　猪传染性萎缩性鼻炎症状（眼角"泪斑"）

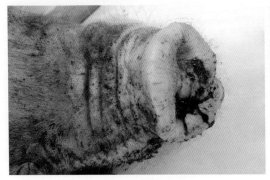

图 2-74　猪传染性萎缩性鼻炎症状（歪鼻子）　　图 2-75　猪传染性萎缩性鼻炎症状（流鼻血）

而死亡。猪传染性萎缩性鼻炎除了出现上述症状外，还严重影响猪只生长速度，也容易并发其他呼吸道疾病。

4. 病理变化

主要病理变化是鼻甲骨萎缩和变形（图2-76），严重时鼻甲骨消失。鼻腔内有大量脓性或干酪样渗出物。病猪均有不同程度的眼炎病变。

5. 诊断

根据临床症状、病理变化可作出初步诊断。必要时可取鼻分泌物做细菌培养鉴定

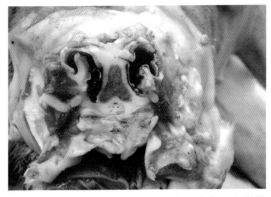

图 2-76　猪传染性萎缩性鼻炎病理变化（鼻甲骨萎缩、变形）

加以确诊。此外，可抽取猪血进行猪传染性萎缩性鼻炎的血清学诊断。若没有打过本病的疫苗，而血液中的猪传染性萎缩性鼻炎抗体阳性，则表明该猪感染过或正感染本病病原。

6. 防治

预防措施如下：

（1）加强饲养管理。对于没有感染本病病原的猪场，在引种时要特别严格把关，禁止把病猪或隐性带菌猪引入。

（2）对于感染本病病原的猪场，要做到淘汰病猪和疫苗免疫相结合。对于有明显临床症状的病猪（如有"泪斑"和歪鼻子症状），要坚决隔离淘汰。同时对所有种猪定期免疫接种猪传染性萎缩性鼻炎灭活疫苗，母猪可安排在产前30天左右免疫，每年2次。免疫后母猪产生的抗体通过母乳可保护小猪3~4月龄内免受感染。

（3）药物预防。母猪保健可在每1000千克饲料中添加盐酸林可霉素硫酸大观霉素预混剂1千克、盐酸金霉素100克，连用10~15天；也可在每1000千克饲料中添加磺胺间甲氧嘧啶300克、甲氧苄啶50克，连用3天；还可在每1000千克饲料中添加盐酸林可霉素500~800克，连用3天。仔猪保健可在仔猪出生后用硫酸卡那霉素或磺胺嘧啶钠滴鼻，每孔滴0.5毫升。育肥猪保健按每1000千克饲料添加磺胺二甲基嘧啶500克、甲氧苄啶100克，连用3天；也可用磷酸泰乐菌素200克、磺胺二甲基嘧啶150克，连用1~2周。

出现明显症状的病猪基本上没有治疗价值。症状较轻时，可肌内注射磺胺间甲氧嘧啶钠或复方磺胺嘧啶钠有一定效果。对有流鼻血症状的病猪，要及时肌内注射酚磺乙胺等止血针剂进行对症治疗。

（十二）猪链球菌病

猪链球菌病是由 C、D、E、L 群等链球菌引起，具有多种病症的一类猪细菌性传染病的总称。

1. 病原

链球菌种类繁多，分布很广，分类复杂。猪链球菌病的病原多为 C 群的兽疫链球菌和

类马链球菌、D群的猪链球菌，以及E、L、S、R等群的猪链球菌。链球菌呈圆形或卵圆形，常排列成链状。不形成芽孢，一般无运动性、无鞭毛。多数链球菌革兰染色阳性。

对猪有致病性的血清群包括：①C群。引起猪的急性、亚急性败血症、脑膜炎、关节炎、心内膜炎、心包炎、肺炎及其化脓性炎症。②D群。引起小猪发生脑膜炎、关节炎、心内膜炎、心包炎、肺炎及其化脓性炎症。③E群。引起猪颈部淋巴结脓肿、化脓性支气管炎、脑膜炎、关节炎。其他如G、L、M、P、R、S及T群对猪均有不同程度的致病作用，引起猪发生败血症、脑膜炎、心内膜炎、肺炎、关节炎及脓肿等病症。目前猪链球菌2型分入R群，1型分入S群。

2. 流行病学

病猪和病愈带菌猪是本病的主要传染源。本病病原多经呼吸道和消化道感染。病猪与健康猪接触，或病猪排泄物（尿、粪、唾液等）污染饲料、饮水以及其他物体，均可引起猪只大批发病而造成流行。外伤、阉割或注射消毒不严等也可造成本病的传播。

各种年龄的猪都易感，败血症型和脑膜脑炎型多见于仔猪和大猪，淋巴结脓肿型多发于中猪，关节炎型在各种日龄均可见。本病一年四季均可发生，春、秋多发，呈地方流行性。

3. 临床症状

在临床上猪链球菌病常见有4种表现类型：败血症型、脑膜脑炎型、关节炎型及淋巴结脓肿型。

（1）败血症型。在流行初期的最急性病例，往往见不到临床症状就突然死亡。死后全身皮肤发绀，口鼻可见流出淡红色泡沫样液体，肛门口流出不凝固血液（图2-77）。急性病例则表现为精神沉郁，食欲减少，体温可升高到42~43℃，稽留热，眼结膜潮红，流浆液性鼻液，呼吸急促，有时出现咳嗽症状。最明显的症状是颈部、耳廓、腹部及四肢皮肤呈紫红色（图2-78、图2-79）。死亡率可达50%~80%。人畜共患猪2型链球菌病也属于败血症型。

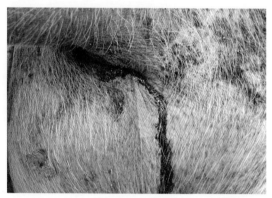

图2-77 猪败血症型链球菌病症状（肛门口流出不易凝固血液）

图2-78 猪败血症型链球菌病症状（全身皮肤呈紫红色）

图2-79 猪败血症型链球菌病症状（腹部皮肤呈紫红色）

（2）脑膜脑炎型。多发生于仔猪、断奶仔猪及保育小猪。病初体温升高到40.5~42.5℃，少食，有浆液性或黏液性鼻液。最明显的症状是出现脑神经症状，表现为盲目走动，运动失调，转圈，空嚼，磨牙，后躯麻痹倒地，有的仰卧或侧卧于地，四肢划动似游泳状（图2-80）。可在24~36小时内死亡，及时治疗后可痊愈或转为慢性关节炎型。

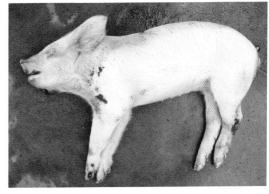

图2-80 猪脑膜脑炎型链球菌病症状（病猪倒地，四肢划动）

（3）关节炎型。主要发生于仔猪和小猪，中大猪也有零星发生。病猪的一肢或多肢的不同关节肿大（图2-81至图2-83），疼痛跛行，不能站立。病程可持续2~3周以上。同一猪栏内发病率高，死亡率相对较低。严重时可见关节化脓破溃。

（4）淋巴结脓肿型。主要是经口、鼻、损伤的皮肤感染猪链球菌而引起的。多发生于仔猪以及中大猪，偶尔见于公母猪。本病发病率低，传播速度缓慢，但本病一旦发生，则很难根治。主要表现为猪颌下、咽部、颈部等处的淋巴结肿大化脓（图2-84），触之感觉坚硬且热，并有疼痛表现。对猪的采食、咀嚼、吞咽、呼吸等动作均有影响。严重时可波及皮肤而出现化脓灶（图2-85、图2-86），脓肿成熟后会破裂并流出脓汁，3~5周后可逐渐痊愈。

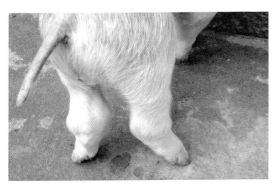

图2-81 猪关节炎型链球菌病症状（跗关节肿大）

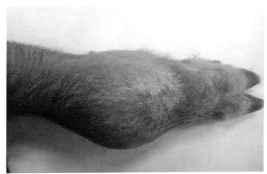

图2-82 猪关节炎型链球菌病症状（腕关节肿大）

图2-83 猪关节炎型链球菌病症状（肘关节肿大）

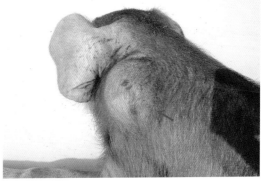

图2-84 猪淋巴结脓肿型链球菌病症状（颈部淋巴结肿大化脓）

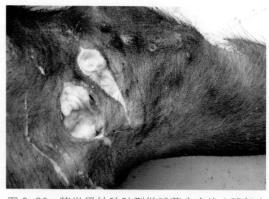

图 2-85　猪淋巴结脓肿型链球菌病症状（腹部皮肤化脓灶）

图 2-86　猪淋巴结脓肿型链球菌病症状（腿部皮肤化脓灶）

4. 病理变化

（1）败血症型。病死猪全身皮肤（特别是耳朵、鼻、四肢末端等处）发红发紫，血液呈暗红色，凝固不良。肺脏充血、出血（图 2-87），肺炎明显，心外膜和心冠脂肪出血（图 2-88），心包积液，脾脏肿大、呈黑色（图 2-89）。全身淋巴结肿大、出血。有时肺脏可见局灶性化脓灶（图 2-90），有时肾脏肿大、出血、呈黑色（图 2-91、图 2-92），有时肝

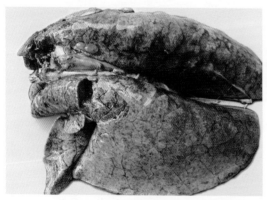
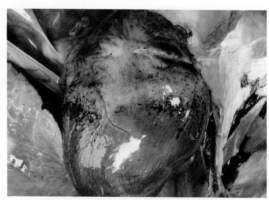

图 2-87　猪败血症型链球菌病病理变化（肺脏充血、出血）

图 2-88　猪败血症型链球菌病病理变化（心外膜和心冠脂肪出血）

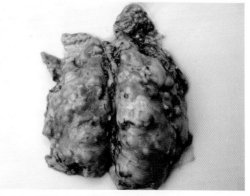

图 2-89　猪败血症型链球菌病病理变化（脾脏肿大，呈黑色）

图 2-90　猪败血症型链球菌病病理变化（肺脏局灶性化脓灶）

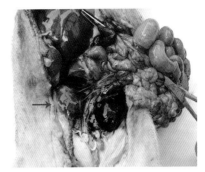

图 2-91　猪败血症型链球菌病病理变化（肾脏肿大、出血）

图 2-92　猪败血症型链球菌病病理变化（肾脏出血呈黑色）

脏肿大，表面有少量坏死点（图 2-93）。腹腔表面有丝状纤维素性渗出物（图 2-94），小肠外壁也有出血点（图 2-95）。

（2）脑膜脑炎型。主要病理变化为脑膜充血、出血，脊髓液增多、浑浊，脑实质有化脓性脑炎病变。有时心包、胸腔、腹腔有纤维素性炎症。

（3）关节炎型。主要病理变化在于一肢或多肢关节肿大，切开关节可见关节囊内有胶冻样液体或黄白色化脓物（图 2-96 至图 2-98）。其他脏器无明显病变。

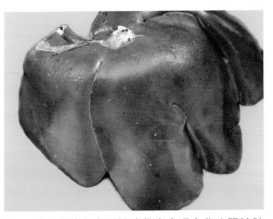

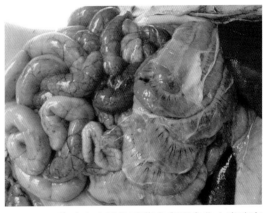

图 2-93　猪败血症型链球菌病病理变化（肝脏肿大，表面有坏死点）

图 2-94　猪败血症型链球菌病病理变化（腹腔表面丝状纤维素性渗出物）

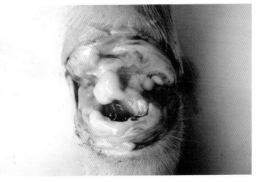

图 2-95　猪败血症型链球菌病病理变化（小肠外壁出血点）

图 2-96　猪关节炎型链球菌病病理变化（关节囊内胶冻样液体）

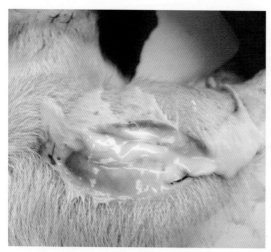

图 2-97　猪关节炎型链球菌病病理变化（关节囊内化脓液体）

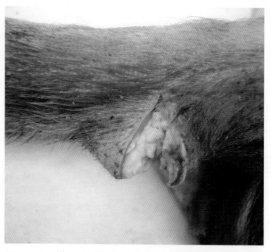

图 2-98　猪关节炎型链球菌病病理变化（关节内黄绿色化脓物）

（4）淋巴结脓肿型。主要病理变化在于颌下、咽部、颈部的淋巴结肿大化脓，切开流出大量黄绿色脓性物（图 2-99），有时在肝脏也可见到化脓灶（图 2-100）。

5.诊断

根据临床症状、病理变化可作出初步诊断。要确诊有赖于从特征性病变组织（如败血症型的肝脏、脾脏，脑膜脑炎型的脑组织，关节炎型的关节腔，淋巴结脓肿型的淋巴结）中镜检和分离出猪链球菌（图 2-101）。在没有注射过猪链球菌病疫苗的猪场，若在猪群的血液中检出猪链球菌抗体也可作为诊断参考。

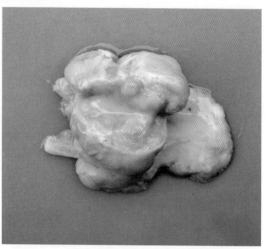

图 2-99　猪淋巴结脓肿型链球菌病病理变化（淋巴结内流出黄绿色脓性物）

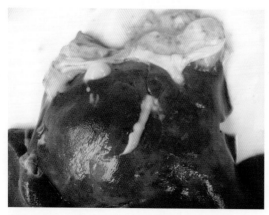

图 2-100　猪淋巴结脓肿型链球菌病病理变化（肝脏化脓灶）

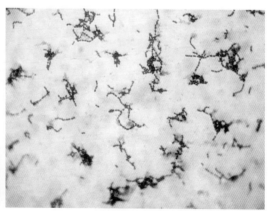

图 2-101　猪链球菌形态（车勇良）

6. 防治

（1）加强饲养管理，搞好环境卫生和消毒工作。对损伤皮肤要及时做消毒处理，防止细菌感染。当发现猪场暴发本病（尤其是败血症型猪链球菌病）时，要立即隔离病猪，对死猪采取无害化处理，做好消毒工作。对其他类型猪链球菌病病猪也要及时予以隔离治疗。

（2）疫苗免疫。在疫区或受威胁地区要使用本病的活疫苗进行免疫。具体来说，母猪可安排在产前 1 个月左右免疫注射；小猪在 35~45 日龄安排 1 次免疫注射，也可以安排小猪于 10 日龄和 60 日龄各进行 1 次免疫注射。在注射疫苗期间（前 2 天和后 7 天）禁用任何抗菌药物。

（3）药物治疗。治疗猪链球菌病的药物很多，其中氨苄西林钠、阿莫西林、青霉素、磺胺类药物等都具有较好的治疗效果。对于败血症型和脑膜脑炎型病例应在发病早期用大剂量的抗生素或磺胺类药物拌料和肌内注射。对于发病严重并出现高热症状的病例还要结合解热镇痛药物（如氨基比林、安乃近等），每天 2 次，连用 3~5 天。对于关节炎型和淋巴结脓肿型病例，可使用敏感抗生素（如氨苄西林钠）配合安乃近、地塞米松进行肌内注射，有一定效果，但都不容易根治；对于淋巴结脓肿的病例，要待脓肿成熟变软后，及时地切开排脓，在排除脓汁后再结合抗菌消炎处理才有效果。此外，在本病流行的猪场，也可定期使用广谱抗生素（如盐酸金霉素、土霉素、阿莫西林、盐酸林可霉素硫酸大观霉素预混剂等）、磺胺类药物进行保健预防。

（十三）猪丹毒

猪丹毒是由猪丹毒杆菌引起的一种猪急性、热性传染病。

1. 病原

本病病原为猪丹毒杆菌。猪丹毒杆菌是一种平直或微弯的革兰染色阳性菌，大小为（0.2~0.4）微米 ×（0.8~2.0）微米。微需氧或兼性厌氧，在普通培养基中能生长。对外界因素抵抗力很强，但对热敏感。目前猪丹毒杆菌共有 25 个血清型和 1a、1b、2a、2b 4 个亚型。其中以 1 型和 2 型多见。

2. 流行病学

本病主要发生于猪，以 3~12 月龄最为敏感。此外，牛、羊、狗等也有病例报告，人也会感染。病猪和病愈猪是本病的主要传染源，病原随粪、尿、分泌物排出体外。一年四季均可发生，但以天气暖和、炎热、多雨季节多发。

3. 临床症状

在临床上可分为 3 个类型：

（1）急性败血型。病猪体温上升至 42℃以上，稽留不退，不吃食，眼结膜潮红，粪干，死亡快。

（2）亚急性的疹块型（"鬼打印"）。病猪除了体温上升到 42℃以上外，在皮肤上还可见到红色疹块（图 2-102 至图 2-105）。这些疹块的大小和形状不一，有三角形、圆形、方形、菱形等，且疹块突出皮肤，中后期疹块变黑脱皮（图 2-106、图 2-107）。若治疗不

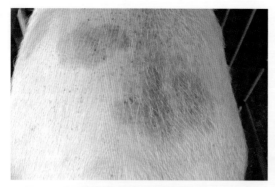

图 2-102　猪丹毒症状（皮肤上红色出血斑）

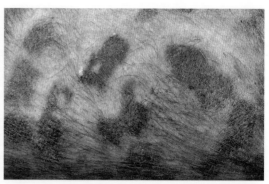

图 2-103　猪丹毒症状（皮肤上暗红色出血斑）

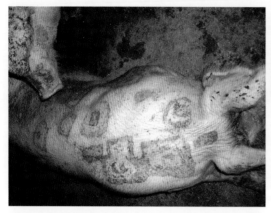

图 2-104　猪丹毒症状（皮肤上圆形和方形出血斑）

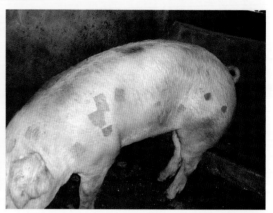

图 2-105　猪丹毒症状（皮肤上方形出血斑）

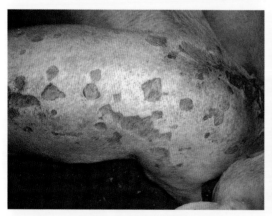

图 2-106　猪丹毒症状（疹块变黑脱皮）

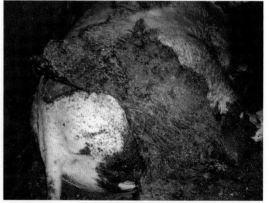

图 2-107　猪丹毒症状（皮肤大面积脱皮）

及时也易造成死亡。

（3）慢性型。主要表现关节炎以及猪生长发育受阻，死亡率较低。

4.病理变化

急性败血型病例可见胃底黏膜出血，小肠黏膜也有不同程度的出血。全身淋巴结肿胀，切面多汁。脾脏肿大，呈紫红色。肾脏肿大，呈暗红色（图 2-108）。心脏内膜有小出血点，肺脏充血或水肿。亚急性的疹块型病例在心脏二尖瓣可见溃疡性心内膜炎，并形成疣状增生（图 2-109）。慢性型病例则出现四肢关节肿大，关节囊内有浆液性纤维性渗出物。

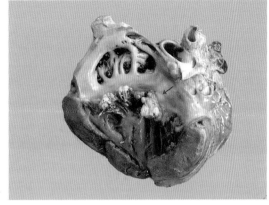

图 2-108　猪丹毒病理变化（肾脏肿大，呈暗红色）　图 2-109　猪丹毒病理变化（心脏二尖瓣疣状增生）

5. 诊断

根据临床症状和病理变化可作出初步诊断。必要时可取病料进行细菌镜检和培养鉴定。猪丹毒杆菌为纤细的小杆菌（图2-110）。

6. 防治

预防措施如下：

（1）疫苗预防。目前可供使用的疫苗有两种：一种是猪丹毒活疫苗，另一种是猪瘟－丹毒－巴氏杆菌病三联活疫苗，具体使用方法参照说明书。

图 2-110　猪丹毒杆菌形态（车勇良）

（2）药物预防。一般的广谱抗生素（如土霉素、氟苯尼考、阿莫西林等）对本病均有比较好的预防效果，可定期添加预防。

发病后应尽早诊断，同时及时隔离治疗病猪。所有药物中以青霉素为首选抗生素，按每千克体重2万～4万单位，肌内注射，每日2~3次。值得注意的是，经治疗后病猪的体温和食欲恢复正常后，还需继续用药1~2天，防止本病的复发或转为慢性。此外，可在饲料中添加阿莫西林、氟苯尼考、磺胺类药物等对猪群中其他猪只进行预防。

（十四）猪葡萄球菌病

猪葡萄球菌病又称猪渗出性皮炎、猪油皮病、猪脂溢性皮炎，是由表皮葡萄球菌引起，以皮肤出现皮炎病变为病征的一种猪接触性传染病。

1. 病原

本病病原为表皮葡萄球菌。表皮葡萄球菌呈球形，直径0.5~1.5微米，常排列成葡萄状，也有单球状或双球状，革兰染色阳性，无鞭毛，不运动，不形成芽孢和荚膜。在普通培养基上生长良好，对外界环境抵抗力较强。

2. 流行病学

本病主要发生于哺乳仔猪，断奶后小猪也有零星发生。本病的发生除了猪舍内存在表皮葡萄球菌外，与仔猪皮肤受伤、猪舍环境潮湿、猪场饲养管理不良也有关系。一年四季均可发生。

3. 临床症状

感染仔猪先从口角、头部开始出现皮炎症状（图2-111、图2-112），几天后迅速蔓延到全身皮肤。皮肤先出现红斑，继而发展为小脓疱（图2-113、图2-114）。这些脓疱破裂后流出脂性渗出物，再黏附粉尘、皮垢等污物，形成一层厚厚的痂皮，易剥离（图2-115），全身皮肤结痂发黑（图2-116）。病猪体表散发一股恶臭气味，表现为食欲减少，消瘦，后期可并发腹泻症状，最后衰竭死亡。同窝内仔猪传染性较强，一旦出现明显皮肤病变往往预后不良，死亡率高。仔猪断奶或隔离后可控制病情发展，轻度病例经治疗可逐渐恢复正常，皮肤由黑变黄（图2-117）。

图 2-111　猪葡萄球菌病症状（口角皮肤发炎）

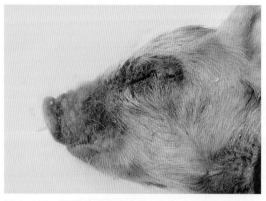

图 2-112　猪葡萄球菌病症状（口角及头部皮肤发炎）

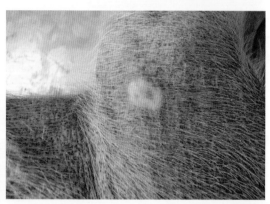

图 2-113　猪葡萄球菌病症状（局部皮肤小脓疱）

图 2-114　猪葡萄球菌病症状（腹部皮肤大面积脓疱）

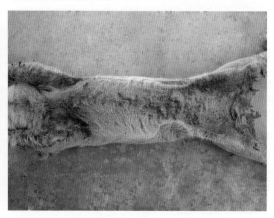

图 2-115　猪葡萄球菌病症状（腹部皮肤易剥离）

图 2-116　猪葡萄球菌病症状（全身皮肤结痂发黑）

图 2-117　猪葡萄球菌病症状（皮肤由黑变黄）

4. 病理变化

病理变化主要以脂溢性皮炎为主，严重时可见皮肤上有大面积化脓灶。内脏器官无明显病变，有时可见肠炎以及个别器官化脓性病灶。

5. 诊断

根据流行病学、临床症状可作出初步诊断。必要时可对病变皮肤进行细菌分离培养，检出表皮葡萄球菌即可确诊（图 2-118）。

6. 防治

在饲养管理上要控制好分娩舍的环境湿度，不能太潮湿，否则会加快表皮葡萄球

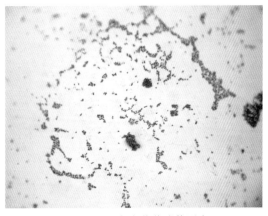

图 2-118　表皮葡萄球菌形态

菌的繁殖速度。仔猪断奶后要对分娩舍、定位栏进行彻底消毒。尽量避免仔猪之间打架或被坚硬异物刺破皮肤，而造成表皮葡萄球菌的感染。母猪的营养要均衡，特别要保证维生素 A、B 以及锌元素等营养的充足供应。

发病时要及时隔离，即一窝仔猪中刚出现 1~2 只病猪时就要及时地进行隔离治疗。接近断奶时间时可考虑对哺乳仔猪提早断奶。一般来说，可选择头孢噻呋钠、阿莫西林、青霉素、硫酸阿米卡星、硫酸庆大霉素、盐酸林可霉素等药物，再结合地塞米松对轻度病例进行治疗，有一定效果。皮肤病变严重时，要配合使用过硫酸氢钾消毒剂或含碘消毒剂，按一定比例稀释后进行喷洒或药浴，有一定效果。个别皮肤变黑、脱皮的严重病例，预后不良。

（十五）猪坏死杆菌病

猪坏死杆菌病是由坏死梭杆菌引起，以皮肤组织出现坏死为病征的一种慢性传染病。

1. 病原

本病病原为坏死梭杆菌，属于拟杆菌科梭杆菌属。菌体宽约 1 微米，长度可达 100 微米。呈多形性，小的呈球杆状，大的呈长丝状。坏死梭杆菌无鞭毛、无荚膜、无芽孢、无运动性，革兰染色阴性。严格厌氧，培养基要求条件高，对理化因素抵抗力不强。

2. 流行病学

坏死梭杆菌可导致多种动物感染发病，其中猪、绵羊、牛、马、鹿等动物比较易感。幼畜比成年畜易感。家畜的粪便、被污染的场所都有坏死梭杆菌存在。只有当皮肤或黏膜受损时，容易感染坏死梭杆菌。本病多为散发，也有会呈地方流行性。多雨、潮湿、炎热天气易发。

3. 临床症状

病猪不同部位皮肤先出现小丘疹，进而变黑形成干痂（图2-119至图2-123）。痂皮下深部组织迅速坏死，形成溃烂面（图2-124）。若继发感染或炎症转移到其他器官，可形成关节囊肿或内脏器官的局灶性坏死，严重时可导致死亡。

图2-119 猪坏死杆菌病症状（腹部皮肤局部坏死变黑）　图2-120 猪坏死杆菌病症状（耳尖皮肤坏死变黑）

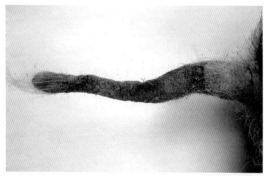
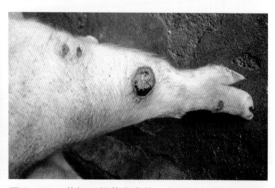

图2-121 猪坏死杆菌病症状（尾根皮肤坏死变黑）　图2-122 猪坏死杆菌病症状（小腿部皮肤坏死变黑）

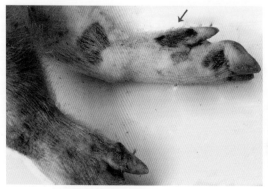
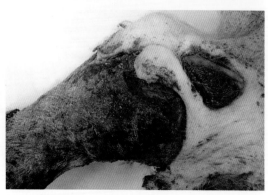

图2-123 猪坏死杆菌病症状（脚部皮肤坏死变黑）　图2-124 猪坏死杆菌病症状（小腿部皮肤溃烂面）

4. 病理变化

头部、颈部、肩、臀、胸腹侧皮肤常出现坏死灶，有时也可见耳根、尾部、乳房和四肢等处皮肤出现不同程度的坏死灶，有时在内脏器官也可见到局灶性坏死。

5. 诊断

依据临床症状和病理变化可作出初步诊断。必要时在坏死灶周边的病健交界处取样进行细菌的镜检和分离培养，检出革兰染色阴性、长丝状的坏死梭杆菌即可确诊。

6. 防治

加强饲养管理，保持猪舍良好的卫生状况，保证饲料中维生素 A、E 等营养充足，尽量避免和防止皮肤、黏膜的损伤。如果皮肤发生意外损伤，要及时涂擦碘酊消毒。

发生本病时一方面要清洗伤口（用过氧化氢溶液冲洗），做消炎处理；另一方面要肌内注射广谱抗生素，以控制全身并发症。

（十六）猪破伤风

猪破伤风又称"锁口风"、"强直症"，是由破伤风梭菌经猪伤口感染后，产生外毒素而引起的一种急性、中毒性传染病。

1. 病原

本病病原为破伤风梭菌，是大小为(2.4~5.0)微米 ×(0.5~1.1)微米的细长杆菌，两端钝圆，正直或微弯曲，多单个存在。幼年培养物革兰染色阳性，48 小时后革兰染色常呈阴性，在菌体一端现鼓槌状芽孢，无荚膜。破伤风梭菌为专性厌氧菌，在普通培养基中即生长。繁殖体抵抗力不强，但芽孢菌抵抗力极强。

2. 流行病学

各种家畜均易感。破伤风梭菌广泛存在于周围环境中，只有创伤（如阉割、断尾、断脐等）后才会感染，家畜之间不会接触传染。本病多为散发，无季节性。

3. 临床症状

本病多由创伤感染（如阉割）引起。病猪主要表现为四肢僵直（图2-125），两耳朵竖立，尾巴向后伸直，牙关紧闭（图2-126），呼吸困难。严重时可见全身痉挛和角弓反张症状。对外界刺激较敏感，若治疗不及时或治疗不当，多数预后不良。

图 2-125 猪破伤风症状（四肢僵硬）

图 2-126 猪破伤风症状（四肢僵硬，牙关紧闭）

4. 病理变化

无明显的肉眼病变。有时可见局部伤口炎症化脓（图 2-127）。

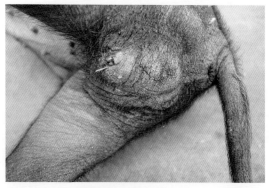

图 2-127　猪破伤风病理变化（伤口炎症化脓）

5. 诊断

依据全身肌肉痉挛明显等症状，可作出初步诊断。必要时可对局部伤口进行猪破伤风梭菌的细菌镜检、分离和鉴定。

6. 防治

（1）在平时猪场管理中要防止猪外伤的发生（如打架、咬尾）。在阉割时，要做好器械和术部的消毒工作。为了预防外伤感染，可在外伤发生后及时地给猪肌内注射广谱抗生素（如青霉素和硫酸链霉素）。当猪发生本病时，首先要将病猪隔离治疗，尽量避免各种不良应激。

（2）清洗伤口（用 3% 的过氧化氢或 2% 高锰酸钾或 5% 碘酊），检查伤口内是否还有异物，并撒涂消炎药物（如磺胺结晶、硫酸庆大霉素等）。

（3）尽早皮下注射猪破伤风抗血清或抗毒素 20 万～80 万单位，每天 2 次。

（4）使用镇静解痛药物。如每千克体重用盐酸氯丙嗪 1~3 毫克，每天 1~3 次，或 25% 硫酸镁注射液 10~15 毫升，每天 1~2 次。

（5）对症疗法。用 5% 生理盐水配合维生素 C，以及其他功能性药物进行输液治疗，每天 1 次。

（十七）猪魏氏梭菌病

猪魏氏梭菌病是由 A 型魏氏梭菌及其毒素引起的一种猪条件性传染病。

1. 病原

本病病原为 A 型魏氏梭菌（A 型产气荚膜梭菌），为革兰染色阳性、有荚膜、不运动的厌氧大杆菌。菌体两端钝圆，大小为（5~8）微米 ×（1~1.5）微米，可产生 α 和 β 毒素。在普通培养基上均易生长，在厌氧肝汤中培养会形成浑浊和大量气体。

2. 流行病学

A 型魏氏梭菌在自然界中分布较广，是一种猪场和猪肠道内的常在菌。各种年龄猪均可发生，其中以母猪最常见。A 型魏氏梭菌的繁殖与猪肠管内环境变化以及猪舍潮湿有关。其芽孢对外界抵抗力很强，一般的消毒剂不易杀灭。

3. 临床症状

各种年龄猪均可发生，其中以母猪最常见。多见急性死亡，死前无任何前期症状。有些猪有轻微的食欲不振症状，次日即死在猪栏内。个别慢性病例则表现为精神沉郁，呼吸困难，食欲不振，眼结膜潮红，运动障碍，共济失调，严重的可出现后肢麻痹。此外。最明显的可见腹部迅速臌气膨胀（图 2-128），病猪倒地，张口伸舌，四肢划动，呻吟磨牙，在几个小时内死亡。

图 2-128　猪魏氏梭菌病症状（腹部臌气膨胀）

4.病理变化

以腹部胀气、消化道出血、小肠节段性坏死为特征，具体包括：心冠脂肪、心内膜及心肌出血。肝脏肿大，胆囊肿大，肝脏、脾脏、肾脏均有散在的出血点。胃黏膜脱落，小肠黏膜严重出血（图 2-129），呈红褐色，并发生节段性坏死。大肠出血，胀气明显（图 2-130），肠系膜淋巴结肿大。有时可见皮下气肿病变（图 2-131）。

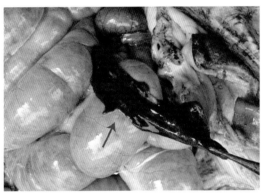

图 2-129　猪魏氏梭菌病病理变化（小肠黏膜严重出血）

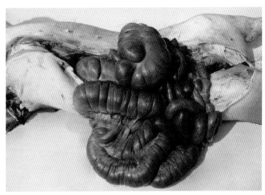

图 2-130　猪魏氏梭菌病病理变化（大肠出血，胀气明显）

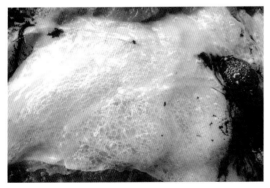

图 2-131　猪魏氏梭菌病病理变化（皮下气肿）

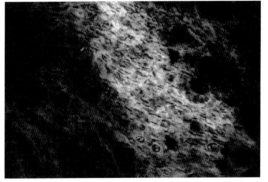

图 2-132　A 型魏氏梭菌形态

5.诊断

根据临床症状、病理变化可作出初步诊断。用病变小肠进行镜检、分离，检出 A 型魏氏梭菌（图 2-132）即可确诊。

6.防治

猪场的饲料、饮水或环境被 A 型魏氏梭菌污染后，病菌就在猪肠道内成为常在菌。当气候环境改变或饲料配方改变时，易导致猪机体抵抗力下降，肠道内微生物菌群失调，A 型魏氏梭菌大量繁殖，并产生毒素，造成猪发病死亡。所以要从加强饲养管理入手来预防本病。

急性病例死亡速度快，往往来不及发现和治疗。对于一些发病较缓慢的病例，可用喹诺酮类药物（如乳酸环丙沙星、恩诺沙星等）、土霉素、盐酸四环素、甲硝唑等药物来治疗。

（十八）猪李氏杆菌病

猪李氏杆菌病是由单核细胞增多性李氏杆菌引起的一种猪散发性传染病，也是一种人畜共患病。

1. 病原

本病病原为单核细胞增多性李氏杆菌，为革兰染色阳性菌。菌体两端钝圆，稍弯曲，多单在，有时排列成"V"形，大小为（0.4~0.5）微米 ×（0.5~2）微米。无芽孢，无荚膜，菌体表面有鞭毛，能运动。在血液琼脂上可长出露滴状菌落，并有溶血现象。在简单的培养基中都可以生长，可分为 7 个血清型。生存能力较强，但一般消毒药均可使之灭活。

2. 流行病学

单核细胞增多性李氏杆菌可使多种畜禽及人感染发病，其中家畜以绵羊、家兔、猪较易感，牛、山羊次之，马、犬、猫很少；家禽中以鸡、火鸡、鹅较易感。此外，鼠类等啮齿类野生动物也易感，且常成为病原的自然贮存宿主。发病动物及带菌动物是本病的传染源，传播途径以消化道感染为主。本病多呈散发，各种日龄猪均可感染发病，其中以幼龄畜禽及妊娠母畜易感，多发于冬春季节。

3. 临床症状

病猪表现为突然发病，体温升到41~42℃，兴奋不安，共济失调，肌肉震颤，无目的地跑动或转圈，有时表现为后退，低头呆立，有的表现为头颈部后仰呈观星姿势（图2-133）。严重时倒地抽搐，口吐白沫，四肢划动，对刺激很敏感。病程可持续3~7天。

4. 病理变化

脑部和脑膜充血、水肿，脑脊髓液增多且变混浊，脑干变软且有小坏死灶。其他内脏的病变不明显。

图2-133　猪李氏杆菌病症状（头颈后仰）

5. 诊断

取病死猪的肝脏、脾脏、脑组织进行涂片染色，如镜检可见革兰染色阳性、呈"V"形排列的小杆菌，并把分离到的小杆菌做进一步的生化鉴定，即可确诊。此外，如发病猪血液检查，白细胞总数升高，单核细胞比例升达 8%~12%，对诊断本病也有一定参考意义。

6. 防治

平时要做好饲养管理，不从有本病病史的猪场引种猪，加强猪场的定期消毒工作。

对病猪要及时予以隔离治疗，其他猪只可用广谱抗生素（如土霉素、氟苯尼考等）、磺胺类药物进行预防，均有比较好的效果。

（十九）猪布氏杆菌病

猪布氏杆菌病是由布氏杆菌引起的一种猪急性或慢性的人兽共患传染病。

1. 病原

本病病原为布氏杆菌，革兰染色阴性，大小为（0.6~1.5）微米 ×（0.5~0.7）微米，无芽孢及鞭毛。布氏杆菌在初次分离培养时多呈球杆状，次代培养时（牛、羊型）细菌形态则变成小杆状。布氏杆菌为需氧菌或微需氧菌，对培养基要求严格。布氏杆菌属有 6 种布氏杆菌（包括马耳他布氏杆菌、猪布氏杆菌、流产布氏杆菌、犬布氏杆菌、沙林鼠布氏杆菌和绵羊布氏杆菌），其中猪布氏杆菌又有 5 个血清型。对外界恶劣条件抵抗力较强，但对热和消毒药抵抗力不强。

2. 流行病学

布氏杆菌可感染多种动物（牛、羊、山羊和绵羊等）以及人。其中，猪布氏杆菌主要感染猪，公母猪均易感，而育肥猪对本病有一定的耐受性。传染源是病畜和带菌动物，尤其是受感染的妊娠母畜。本病病原主要通过消化道感染，也可通过结膜、阴道、损伤的皮肤感染。本病多为散发，接近性成熟或成熟的动物较易感。

3. 临床症状

母猪常在怀孕后 4~12 周流产（图 2-134）。流产前食欲不振，并有短暂的发热，经8~10 天往往可自愈。流产后母猪易导致子宫内膜炎和屡配不孕。公猪表现两侧睾丸炎和附睾炎，睾丸肿胀明显（图 2-135）。有的病猪还出现关节炎和关节肿大现象。

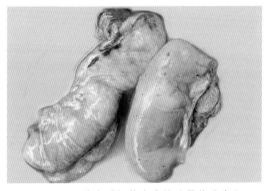
图 2-134　猪布氏杆菌病症状（母猪流产）

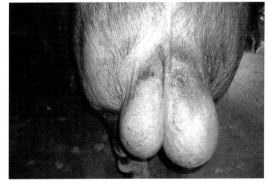
图 2-135　猪布氏杆菌病症状（公猪睾丸肿大、发炎）

4. 病理变化

母猪有子宫内膜炎、输卵管炎病变，子宫黏膜出现许多粟粒大小的脓肿，有时肝脏、脾脏、肾脏等脏器也有一些结节病变。公猪的睾丸和附睾也出现小脓肿，关节也有化脓性炎症。流产的胎儿无特殊病变。

5. 诊断

对猪采血（全血或血清），进行布氏杆菌的虎红平板凝集试验，从而作出诊断。

6. 防治

从外地购种猪时必须抽血进行布氏杆菌化验，严禁本病传入。对自繁自养猪场，若发现母猪有经常性流产、公猪睾丸肿大现象时要及时进行化验。若检出阳性猪，要立即采取隔离、淘汰和消毒等措施。在操作过程中一定要做好个人防护措施，以免本病传染到人。

（二十）猪支原体肺炎

猪支原体肺炎又称猪喘气病，是由猪肺炎支原体引起的一种猪接触性传染病。

1. 病原

本病病原为猪肺炎支原体，属于支原体科支原体属。猪肺炎支原体具有多形性，包括环状、球状、点状、杆状和两极状等，但常见的为环状或短链状。菌体无细胞壁，能通过300纳米孔径滤膜，最小的传染颗粒大小为110~225纳米。在液体培养基中，菌体以环状为主，其结构大小则各不相同，有两极状、灯泡状、车轮状、小点状等。单体大小差异也很大，很难准确测定。

猪肺炎支原体对自然环境的抵抗力不强，一般在2~3天即失去活力。猪肺炎支原体的天然宿主仅限于猪。

2. 流行病学

猪支原体肺炎的自然病例仅见于猪，其他动物和人未见此病。不同年龄、性别和品种的猪均易感，其中以哺乳期和刚断奶的仔猪易感性最强，母猪和成年猪多呈慢性和隐性感染。在品种方面，杜洛克猪、长白猪、大约克夏猪以及大长、长大杂交猪易感性较低，而我国地方品种猪如太湖猪极易感染，仔猪最早在9日龄即可表现临床症状。病猪和带毒猪是本病的主要传染源。

呼吸道是唯一的感染途径。病原混在病猪的分泌物中伴随咳嗽、喷嚏或喘气排出体外，形成气溶胶浮游于空气中，健康猪吸入含有病菌的气溶胶而感染。病原存在于病猪呼吸道的分泌物中，在猪体内能存活很长时间。因此，本病一旦传入猪群，就很难清除。

本病一年四季均能发生，虽然没有明显的季节性，但一般以冬春寒冷季节多发，秋季次之，夏季最少。饲养管理不当、猪群拥挤、猪舍潮湿、饲料发霉、通风不良以及卫生条件差时，发病率高，病情重。

3. 临床症状

在临床上常见以咳嗽、气喘为主要症状，特别是在早晚以及天气转冷或其他因素刺激时咳嗽尤为明显，常常出现连续咳嗽好几声。多数病猪生长缓慢，但体温、食欲和精神状况无明显异常。若有并发或继发其他呼吸道疾病，症状变得复杂化，死亡率不同程度地上升。

4. 病理变化

肺脏两侧的心叶、尖叶、膈叶以及中间叶发生对称性的肉样实变（图2-136、图2-137），与周围正常肺脏组织有明显的界线。肺门淋巴结肿大，若有并发或继发其他呼吸道疾病，肺脏病变多样化。

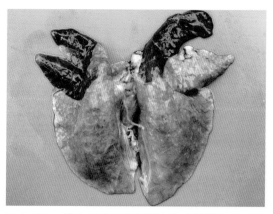

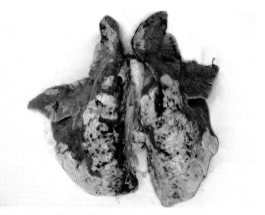

图 2-136　猪支原体肺炎病理变化（肺脏尖叶对称性肉样病变）

图 2-137　猪支原体肺炎病理变化（肺脏尖叶、心叶对称性肉样病变）

5. 诊断

从临床症状和病理变化基本可作出初步诊断。必要时可取病料进行支原体分离培养以及聚合酶链式反应试验，从而作出确诊。值得注意的是，在临床上本病很容易并发或继发其他呼吸道传染病，如猪传染性胸膜肺炎、猪巴氏杆菌病等，必须注意鉴别诊断。

6. 防治

预防措施如下：

（1）加强饲养管理。由于本病多通过垂直传播，所以种猪场要做好本病的净化工作，不断地隔离淘汰有病或隐性带菌的母猪。坚持猪群"全进全出"饲养模式。平时要保持猪舍温度的相对稳定。饲料和猪舍也不能太干燥，否则粉尘太多也易诱发本病或造成本病的水平传播。加强猪舍消毒工作，可减少本病的水平传播。

（2）疫苗接种。疫苗接种是预防本病最有效、最经济的手段。目前有肌内注射猪支原体肺炎灭活疫苗和喷鼻或胸腔内注射猪支原体肺炎活疫苗等多种方法，各种疫苗的使用方法参照使用说明书。一般来说，仔猪应在 7 日龄和 21 日龄各免疫 1 次，效果较好。若小猪日龄比较大或已感染了猪支原体肺炎病原，此时再做疫苗免疫，那么免疫效果很差。

（3）药物预防。母猪可安排在产前、产后饲喂盐酸林可霉素硫酸大观霉素预混剂进行预防保健；仔猪出生后于 3 日龄、7 日龄、21 日龄各注射 1 次长效土霉素进行预防保健；仔猪断奶后的保育期间可选择性饲喂 2 个疗程的磷酸泰乐菌素、延胡索酸泰妙菌素、替米考星、红霉素、盐酸林可霉素硫酸大观霉素预混剂、吉他霉素等药物，这样可以早期预防控制猪支原体肺炎。本病的早期预防做好了，可使猪呼吸道系统（特别是上呼吸道纤毛和胸膜等）完整无损，那么发生其他呼吸道疾病的概率也大大地减少了。

治疗猪支原体肺炎的药物很多，方案也很多。常见的拌料治疗方案有：每 1000 千克饲料加延胡索酸泰妙菌素 125 克和盐酸金霉素 300 克；磷酸泰乐菌素 150~300 克和盐酸多西环素 150~300 克；替米考星 100 克和盐酸多西环素 150~300 克；等等。并发症严重时可配合使用氟苯尼考、阿莫西林等广谱抗生素。肌内注射的药剂有氟苯尼考注射液、盐酸林可霉素注射液、硫酸卡那霉素注射液、替米考星注射液等。喘气、咳嗽严重时可配合使用平喘药物，如氨茶碱、地塞米松等。

（二十一）猪附红细胞体病

猪附红细胞体病又称猪红皮病，是由猪嗜血支原体寄生于红细胞或血浆中而引起的一种猪传染病。

1.病原

本病病原为猪嗜血支原体（猪附红细胞体），曾被列入立克次体，后来称作猪嗜血支原体。猪嗜血支原体直径 0.8~1.0 微米，大型的直径可达 1.0~2.5 微米，常见的形状为环形和半月形，附在红细胞表面上，以单个或成双排列；也可见到杆形、球形和出芽形。在红细胞上以二分裂及出芽分裂法增殖。对化学药品及干燥抵抗力弱。

2.流行病学

猪是猪嗜血支原体的唯一宿主，自然感染途径目前尚不清楚。各种日龄猪均可发生。以往大家普遍认为本病多发生在夏、秋温热季节，尤其夏季，而寒冷季节则自然消失。据此推断，传播媒介可能与节肢动物的活动有关。蚊、蜱、虱、蚤等吸血昆虫有可能传播本病。耐过猪可长期带菌，成为传染源。近年来，本病的发病率呈上升趋势，不仅在夏天和秋天多见，就连在冬天也时常见到本病。据分析，这与近年来猪场圆环病毒感染率升高有关。

3.临床症状

急性病例可见病猪突然发烧，体温达 40~42℃，厌食，全身发红（尤以耳朵、腹部、臀部皮肤明显，图 2-138），指压不褪色，粪便干，尿黄或黄褐色。病程稍长的病例可见毛孔有铁锈色斑点（图 2-139），身上用水一冲可流下粉红色的血水。有时还表现两后肢不能站立，呼吸困难以及眼结膜炎症状，发病率可高达 50%~80%，死亡率 10%~30%。慢性病例表现为皮肤和可视黏膜苍白或黄染（图 2-140），厌食，体温正

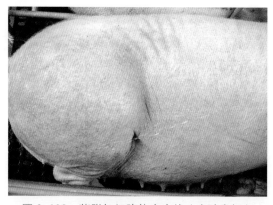

图 2-138　猪附红细胞体病症状（皮肤发红）

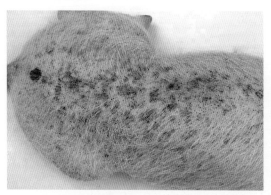

图 2-139　猪附红细胞体病症状（皮肤毛孔铁锈色出血斑点）

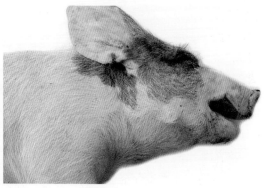

图 2-140　猪附红细胞体病症状（皮肤苍白，轻度黄染）

常或偏高。母猪还表现为流产、产死胎、少乳、乳房炎、断奶后不发情等。架子猪还表现为生长发育不良，易并发其他疾病（不同并发症有其相应不同的症状）。

4.病理变化

病猪主要病理变化为贫血，血液稀薄如水（图2-141），不易凝固，全身肌肉颜色苍白，皮下脂肪黄染，体表毛孔可见明显的铁锈色出血点。肝脏略肿大，颜色黄染（图2-142）。心包积液，心肌苍白柔软，冠状沟脂肪黄染，并有少量针尖状出血点。全身淋巴结肿大。

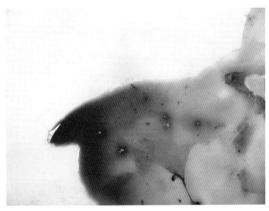

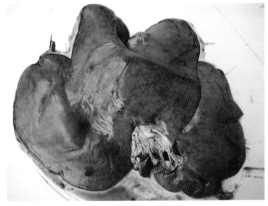

图2-141 猪附红细胞体病病理变化（血液稀薄如水）　图2-142 猪附红细胞体病病理变化（肝脏黄染）

5.诊断

根据体温升高、皮肤先发红后苍白或黄染，以及病理变化可作出初步诊断。采病猪的血液加生理盐水稀释后，如在高倍显微镜下观察到红细胞周边有许多呈星状或不规则多边形的虫体（图2-143），可予以确诊；也可以用血液涂片进行姬姆萨染色后，在油镜下观察，如见到虫体，也可确诊。值得注意的是：在诊断时可因稀释液不等渗因素造成红细胞变形或因染色液问题而产生假阳性现象。此外，还要看看红细胞中猪嗜血支原体的感染率多少而确定本病是否为主因，因

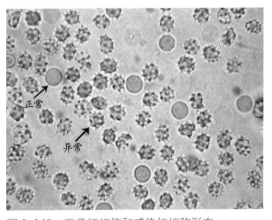

图2-143 正常红细胞和感染红细胞形态

为许多健康猪群中也存在部分红细胞有隐性感染猪嗜血支原体的情况。

6.防治

（1）加强饲养管理。减少各种不良应激（特别是热应激），在夏、秋季节还要定期驱杀蚊虫等吸血昆虫。

（2）发病时可在饲料中添加一些药物进行治疗。如每1000千克饲料中添加盐酸多西环素150~300克连喂3~5天。有时使用磺胺类药物也有一定效果。个别病猪可用三氮脒（按每千克体重5~7毫克，间隔48小时再重复1次）或土霉素、盐酸四环素（按每千克体重3毫克）进行肌内注射，均有效果。此外，使用磺胺类注射液治疗也有一定效果。

（3）对症治疗。由于猪附红细胞体病在临床上有明显的发热、贫血、黄染等症状，因

此治疗时要考虑采用解热、补铁、输液等对症处理。对于本病与其他疾病并发的病例，使用药物时还要兼顾到并发症的用药。

（二十二）猪钩端螺旋体病

钩端螺旋体病是由致病性钩端螺旋体引起的一种人兽共患和自然疫源性传染病。

1. 病原

本病病原是致病性钩端螺旋体。钩端螺旋体是一端或两端可弯转成钩状的一类微生物，又称细螺旋体。长度6~30微米，宽0.1微米，革兰染色阴性。目前，世界各地分离到的钩端螺旋体有200多个血清型。钩端螺旋体对酸、碱和热均敏感，一般消毒药均可以将其杀死。

2. 流行病学

几乎所有温血动物都可感染，其中啮齿动物是最常见的钩端螺旋体的宿主，其次为食肉动物。猪、水牛、黄牛、鸭等感染率都比较高。病畜及带菌动物是本病的传染源，其中鼠类带菌率最高。病原主要通过皮肤、黏膜直接感染，也可经消化道感染。本病多呈散发或地方流行性，一年四季均可发生，其中以夏秋季节多见。

3. 临床症状

本病的血清型较多，其症状也多种多样。一般来说，感染率高，发病率低。仔猪和中大猪主要表现为体温升高，厌食，腹泻，拉血尿，皮肤发黄（图2-144），眼结膜黄染（图2-145），以及神经性后肢无力等，几天内或数小时内惊厥而死亡。母猪主要表现为发热，无乳。怀孕母猪还出现流产死产，流产率可达70%以上。怀孕后期感染的母猪则会生出弱仔，或出生后的仔猪不能站立，不会吸吮母乳，移动时呈游泳状，经1~2天死亡。

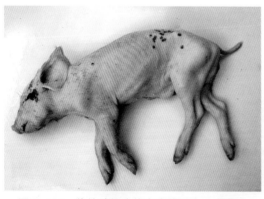

图2-144 猪钩端螺旋体病症状（皮肤发黄）

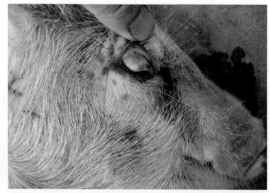

图2-145 猪钩端螺旋体病症状（眼结膜黄染）

4. 病理变化

仔猪和中大猪的主要病变是可视黏膜、皮肤、皮下脂肪以及某些内脏器官出现不同程度的出血和黄染。肝脏肿大，呈土黄色，肝脏被膜下可见粟粒大小到黄豆大小的出血灶。脾脏肿大、淤血。肾脏肿大、淤血，肾脏实质黄染。膀胱积血尿（图2-146）。母猪也出现上述类似病变，同时流产胎儿身体各部组织水肿，以头部、颈部、腹壁、胸壁、四肢最为明显。有时流产胎儿身上还有出血点（图2-147）。

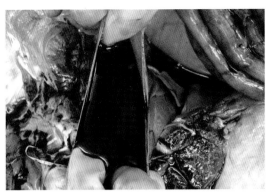
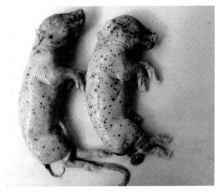

图 2-146　猪钩端螺旋体病病理变化（膀胱积血尿）　图 2-147　猪钩端螺旋体病病理变化（流产胎儿皮肤出血点）

5. 诊断

本病的诊断要结合实验室检查。在本病发热期可直接采血或采尿液进行镜检，如在显微镜暗视野下直接观察到钩端螺旋体虫体，即可确诊。此外，也可以通过菌体分离培养、动物接种、酶联免疫吸附试验，作出诊断。

6. 防治

在预防上，平时要避免猪群接触到江河湖泊的污水。在遇到洪水淹没时，要及时地采取消毒、用药等防范措施。此外，还要做好猪场的灭鼠、灭虫害工作，杜绝传染源，切断传播途径。定期做好猪场内外环境消毒和饮水消毒工作。在本病流行地区可使用本病的单价或多价灭活疫苗进行免疫预防。

临床上发现病例时，可使用广谱抗生素（如青霉素、硫酸链霉素、盐酸四环素、硫酸庆大霉素等）进行治疗，有较好的效果。严重时可配合注射葡萄糖、维生素 C、强心剂进行对症治疗。

（二十三）猪衣原体病

猪衣原体病又称猪流行性流产、猪衣原体性流产等，是由鹦鹉热衣原体的某些株系引起的一种猪慢性接触性传染病。

1. 病原

本病病原为鹦鹉热衣原体。鹦鹉热衣原体在寄主细胞内有特殊的发育周期，其形态和大小因发育阶段不同可分为初体和原体（原生小体）。原体呈球形，直径 0.2~0.4 微米，由初体分裂而来，为鹦鹉热衣原体的传染型。初体为衣原体的系列型，不具传染性，直径 0.6~1.2 微米。

鹦鹉热衣原体在鸡胚中易生长，初次分离时继代 2~3 代即可引起规律性死亡。鹦鹉热衣原体易被碱性染料着染，革兰阴性。在姬姆萨染色标本上，个体较小的原体呈紫色，个体较大的初体呈蓝色，成熟的包涵体呈深紫色。

2. 流行病学

本病的发生呈地方流行性。病猪和潜伏感染的带菌猪是主要的传染来源。实验感染时，猪流产菌株对妊娠牛羊有致病性，牛、绵羊、山羊及一些鸟源菌株也可引起母猪流产及仔猪肺炎。定居于猪场内的啮齿类动物及野鸟有可能携带病原而作为自然疫源，时刻构成对猪群的威胁。罹病的动物通过分泌物和排泄物长时间排菌，污染周围的环境。流产的胎猪、胸膜及胎液的危害性极大。

本病的主要传播途径是直接接触，通过消化道与呼吸道感染。不同品种、年龄结构的猪群都可以感染，但以妊娠母猪及幼龄仔猪最为敏感。同窝仔猪之间可通过吸吮母乳相互感染。

本病的常驻性是鹦鹉热衣原体感染的重要特征。康复猪可长期带病原菌。当不良应激因素导致猪抵抗力下降时，衣原体的潜伏感染会招致疾病再次暴发。本病病原通过胎内垂直感染较为常见。本病的发生与猪场防疫卫生条件差、饲养管理不良（如密集拥挤、通风不良、潮湿、贼风等）、饲料营养不全、运动量不足、缺乏清洁饮水等因素密切相关。

3. 临床症状

本病常呈地方流行性，多数猪场都有本病病原的隐性感染。当猪场的饲养密度过高、卫生条件差、通风不良、营养不良或其他疾病病原感染时，均可诱发本病。母猪主要表现为食欲不振并出现流产、死胎和产弱仔胎现象，流产胎儿的头部、腹部皮肤有出血斑（图2-148）；公猪则出现尿道炎、龟头包皮炎、睾丸炎及附睾炎等症状；仔猪、保育猪和架子猪则有肺炎、结膜炎（图2-149）、腹泻、多发性关节炎（图2-150）等多种症状。

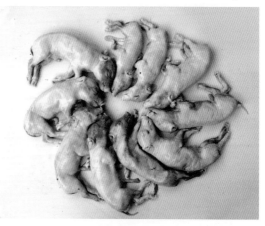

图2-148　猪衣原体病症状（流产胎儿皮肤出血斑）

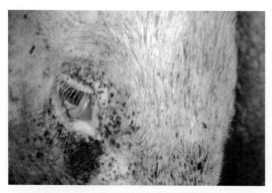

图2-149　猪衣原体病症状（结膜炎）

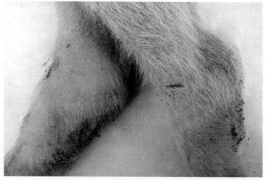

图2-150　猪衣原体病症状（多发性关节炎）

4. 病理变化

猪衣原体病表现型不同，其相应的病变也不同。如流产型以母猪胎盘炎症和胎儿皮肤出血为主，小猪肺炎型以呼吸道黏膜卡他性炎症为主，结膜炎型以结膜充血、水肿为主，肠炎型则以卡他性胃肠炎为主。

5. 诊断

采血进行猪衣原体的血清学检查，从而作出诊断。必要时可用鸡胚、小鼠或细胞培养分离病菌。

6. 防治

在预防上，应避免健康猪与感染猪、其他哺乳动物、鸟类粪便直接接触，定期使用四环素类药物进行保健预防，并加强猪舍内卫生消毒工作。

发病时治疗药物也是采用四环素类药物（如盐酸四环素、土霉素、盐酸多西环素等）进行拌料或饮水治疗，个别严重的可肌内注射土霉素针剂。

（二十四）猪真菌性疾病

猪真菌性疾病又称猪钱癣、脱毛癣、秃毛癣，是指由多种真菌感染引起的猪一类皮肤性疾病的总称。此外，由遗传性疾病并发感染白色地丝菌和白色假丝酵母造成的蔷薇糠疹，也属于真菌病范畴。

1. 病原

本病的病原是丛梗孢科中的各种小孢子菌和毛癣菌。小孢子菌多为毛内菌，可产生大量的孢子，紧密排列于毛干周围引起毛囊发炎，使病畜毛发脱落而形成秃癣；小孢子菌分为大分生孢子（呈纺锤状）和小分生孢子（呈卵圆形或棒形）。毛癣菌也分为大分生孢子［呈棒形，大小为（4~8）微米 ×（8~50）微米］和小分生孢子（呈半球形或棒形，大小为 3 微米 ×4 微米）。在猪蔷薇糠疹中存在遗传性病因，之后继发感染白色地丝菌和白色假丝酵母等真菌。

2. 流行病学

真菌性疾病是一种人畜共患皮肤性传染病。分布极广，几乎各种动物都可发生，在家畜中以牛、马易感，犬、猫次之，而猪较少发生。患畜是本病的主要传染源。主要通过互相接触而传播，也可通过用具等间接传播。一年四季均可发生，以潮湿的夏季和秋季多发。潮湿的畜舍、污秽的环境、饲料中维生素缺乏等均可成为本病的促发因素。本病在猪场多为散发。

3. 临床症状

病猪采食、活动基本正常。病猪的背部、腹部、臀部等皮肤上出现数量不等的圆形或不规则图形的病灶（图 2-151 至图 2-154），这些病灶会向周围不断扩大而中央区则逐渐痊愈。

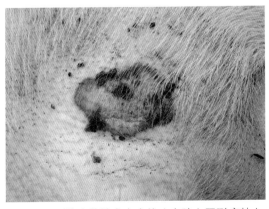

图 2-151　猪真菌性疾病症状（皮肤上圆形病灶）　图 2-152　猪真菌性疾病症状（皮肤上多个圆形病灶）

图 2-153 猪真菌性疾病症状（腹壁两侧皮肤上不规则的皮炎图形）

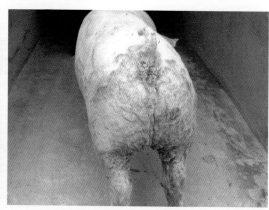

图 2-154 猪真菌性疾病症状（臀部皮肤上不规则的皮炎图形）

有的病例则在皮肤上覆盖着鳞屑（图 2-155），并逐渐形成钱币大小、界限明显、扁平隆起的圆斑，1~2 个月后自然脱落，留下脱毛的秃斑。个别病例可见轻微的瘙痒表现。

4. 病理变化

除了皮肤出现红斑等炎症反应外，内脏器官无明显病变。

5. 诊断

从临床症状上基本可作出初步诊断。

图 2-155 猪真菌性疾病症状（皮肤上覆盖鳞屑）

必要时用刀刮取患部和健部交界处的毛根和鳞屑，滴加适量的 10% 氢氧化钠溶液，加热 3~5 分钟再放到显微镜下进行镜检，可检出真菌的菌丝及孢子。

6. 防治

改善猪舍卫生条件，做好通风工作，降低舍内湿度，有利于预防本病。

治疗时，应先剪去癣斑周围的被毛，以 5% 煤酚油涂擦局部，除掉痂皮，再用含有克霉唑成分的药膏进行涂擦，连用 5~7 天，有一定效果。对后裔表现有蔷薇糠疹的种猪应淘汰处理。

三、猪寄生虫病

（一）猪蛔虫病

猪蛔虫病是由猪蛔虫寄生于小肠内引起的一种猪常见寄生虫病。

1. 虫体形态

活虫体为淡红色或淡黄色，圆柱形，两端稍细（图3-1）。雌虫大小为（20~40）厘米 × 5毫米，体直，尾端钝；雄虫大小为（15~20）厘米 × 3毫米，尾端向腹面弯曲。头端有3片唇，以"品"字形排列。雄虫泄殖腔开口距尾端近，交合刺1对、等长，肛前和肛后有许多小乳突。雌虫阴门开口于虫体前1/3与中1/3交界处的腹面中线上，肛门距虫体末端较近。受精的虫卵为椭圆形，大小为（50~75）微米 × （40~50）微米，黄褐色，壳厚，最外层表现凹凸不平。刚排出的受精卵内含1个圆形的胚细胞，两端与卵壳中间形成新月形空隙(图3-2)。

图3-1　猪蛔虫形态

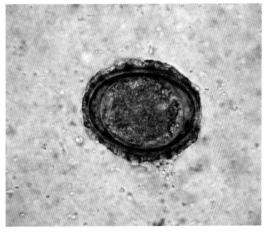

图3-2　猪蛔虫虫卵形态

2. 生活史

猪蛔虫卵随着猪粪便排到外界，在适宜条件下可发育为感染性虫卵，当猪吞食了含有感染性虫卵的饲料或饮水后，幼虫即在十二指肠内孵出。幼虫进入肠壁随着血液循环到肝脏即蜕化为第3幼虫，之后又随血液流到肺脏，并发育为第4期幼虫。第4期幼虫随气管到达咽部，通过吞咽又移行到十二指肠成为第5期幼虫，接着发育为成虫。从感染到发育成虫需2~2.5个月，成虫的寿命为7~10个月。

3. 流行病学

猪蛔虫病是猪的常见寄生虫病。不同品种猪均可感染。其中2月龄以内仔猪很难在小肠内发现蛔虫，在临床上以3~5月龄猪多见，有的猪场母猪感染率也较高。近年来，随着规模化、集约化、标准化猪场的增多，蛔虫的感染率有日益减少的趋势。

4. 临床症状

在发病早期，可见病猪出现咳嗽、体温升高、黄染等症状。中后期出现贫血、消瘦表现。个别严重的还会出现消化不良、腹痛症状，有的还可见粪便中排出蛔虫或蛔虫黏附在肛门口（图 3-3）。

5. 病理变化

主要病变是肝脏出血、变硬，并形成白色的蛔虫斑（又称乳斑肝）（图 3-4），肺脏出现蛔虫性肺炎病变，小肠出现卡他性炎症、出血或溃疡，有的小肠被蛔虫堵塞（图 3-5、图 3-6），或蛔虫进入肝胆管或胰腺等器官内。

6. 诊断

猪蛔虫病的生前诊断要通过粪便的虫卵检查，当 1 克粪便中检出虫卵数达 1000 个时即可确诊。若虫卵少，那么还要结合流行病学、临床症状进行综合判断，看看是否存在其他疾病病原混合感染。2 月龄以内的小猪粪便往往检不到虫卵。

图 3-3　猪蛔虫病症状（虫体黏附在肛门口）

图 3-4　猪蛔虫病病理变化（肝脏表面白色蛔虫斑）

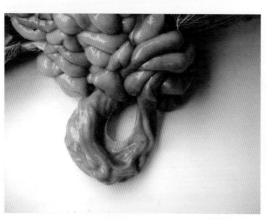

图 3-5　猪蛔虫病病理变化（小肠内塞满蛔虫）

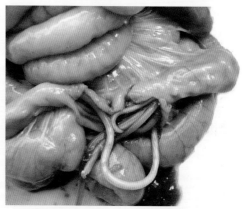

图 3-6　猪蛔虫病病理变化（小肠阻塞和炎症）

7. 防治

在预防上，每年要用广谱驱虫药对公母猪驱虫 4~6 次，平时还要及时清除粪便，搞好猪舍环境卫生，防止仔猪接触到母猪的粪便或防止仔猪的饲料和饮水受母猪粪便污染。

本病的治疗可选用左旋咪唑（按每千克体重 7.5 毫克）或阿苯达唑（按每千克体重 5 毫克）或精制敌百虫（按每千克体重 80~100 毫克）或伊维菌素（按每千克体重 0.2~0.3 毫克）等。驱虫后的粪便要集中处理。

（二）猪球虫病

猪球虫病是由艾美耳科中的艾美耳属和等孢属球虫寄生于肠道引起的一种猪寄生虫病。其中，艾美耳属的球虫有 13 种，分别是蠕孢艾美耳球虫、蒂氏艾美耳球虫、盖氏艾美耳球虫、新蒂氏艾美耳球虫、极细艾美耳球虫、光滑艾美耳球虫、豚艾美耳球虫、罗马尼亚艾美耳球虫、粗糙艾美耳球虫、母猪艾美耳球虫（图 3-7、图 3-8）、有刺艾美耳球虫、猪艾美耳球虫、四川艾美耳球虫。等孢属球虫有 2 种，分别是猪等孢球虫和阿拉木图等孢球虫。上述球虫中以猪等孢球虫致病力最强，而蒂氏艾美耳球虫和粗糙艾美耳球虫也有一定的致病力。其余种类无明显致病力。

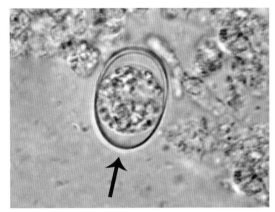

图 3-7　母猪艾美耳球虫卵囊形态

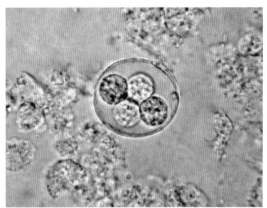

图 3-8　母猪艾美耳球虫孢子化卵囊形态

1. 虫体形态

猪等孢球虫的卵囊为球形，平均大小为 21.2 微米 ×19.1 微米，范围为（18.7~23.9）微米 ×（16.9~20.1）微米，形状指数为 1.11，囊壁光滑，无色，无卵膜孔，也无卵黄残体和极粒（图 3-9）。孢子化卵囊内有 2 个孢子囊，孢子囊呈椭圆形，有孢子囊残体，无斯氏体。孢子囊内又有 4 个子孢子，子孢子呈腊肠状（图 3-10）。主要寄生在猪小肠，是猪场中常见和多发球虫，致病力很强。在世界各地均存在。

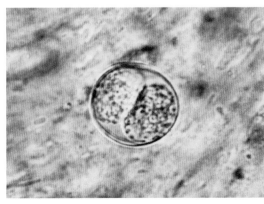

图 3-9　猪等孢球虫卵囊形态

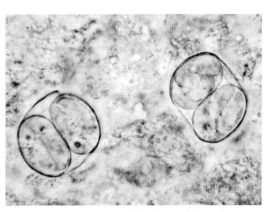

图 3-10　猪等孢球虫孢子化卵囊形态

蒂氏艾美耳球虫卵囊呈椭圆形，平均大小为 22.5 微米 × 16.2 微米，壁光滑，无卵膜孔和卵黄残体，有极粒（图 3-11）。孢子化卵囊内有 4 个孢子囊，每个孢子囊内又有 2 个子孢子，有孢子囊残体和斯氏体（图 3-12）。主要寄生在猪小肠前段。在世界各地广泛分布。

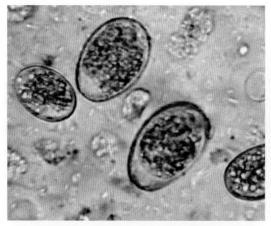

图 3-11　猪蒂氏艾美耳球虫卵囊形态

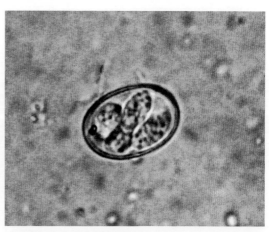

图 3-12　猪蒂氏艾美耳球虫孢子化卵囊形态

粗糙艾美耳球虫卵囊呈卵圆形，平均大小为 28.7 微米 × 21.7 微米，壁粗糙，有卵膜孔和极粒，无卵黄残体。孢子化卵囊内有 4 个孢子囊，每个孢子囊内又有 2 个子孢子，孢子囊呈卵圆形，有孢子囊残体和斯氏体。主要寄生在猪小肠后段。在世界各地广泛分布。

2. 生活史

猪等孢球虫和艾美耳球虫的生活史基本相似，当猪吞食了经过孢子化的卵囊后，

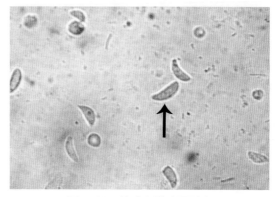

图 3-13　猪球虫裂殖子形态

在胃中通过机械和酶的作用，卵囊壁破裂，散出孢子囊，接着在小肠中的胰蛋白酶和胆汁作用下孢子囊中孢子释放出来并进入小肠上皮细胞，经过 1~2 代分裂生殖后形成裂殖体和裂殖子（图 3-13）。之后又形成大配子和小配子，成熟的大、小配子经配子生殖形成合子，合子在周围产生一层囊壁后形成卵囊。卵囊随猪粪便排出外界，在适宜的温度和湿度条件下进一步孢子化形成孢子化卵囊（具有感染性）。整个发育周期需 7~11 天。

3. 流行病学

在十几种猪球虫中，猪等孢球虫危害性较大，主要危害哺乳小猪和断奶保育猪，特别是 5~15 日龄仔猪最易感；而蒂氏艾美耳球虫和粗糙艾美耳球虫等主要危害保育猪和架子猪，且多并发于猪毛首线虫病等其他肠道寄生虫病；母猪艾美耳球虫主要在母猪和中大猪中隐形感染。球虫病在猪场一年四季均可发生，但在夏、秋两季发病率最高。传播途径主要是经口感染（饮水、饲料、猪舍内污物）。

4. 临床症状

多数种类的猪球虫呈隐形感染，但有些种类表现出现较强的致病性，如猪等孢球虫、

蒂氏艾美耳球虫等。猪等孢球虫病多见于5~15日龄仔猪，主要症状是病猪排出黄色稀粪（图3-14），病初排黏液状稀粪（图3-15），1~2天后排水样稀粪，病程可持续4~8天；用一般的抗生素治疗无明显效果，死亡率可达10%~50%，耐过猪则生长发育受阻。猪蒂氏艾美耳球虫病多见于保育小猪和架子猪，常继发于猪毛首线虫病等其他肠道疾病之后，所排出的稀粪多种多样，有的带血，有的带黏液，有的呈水样。

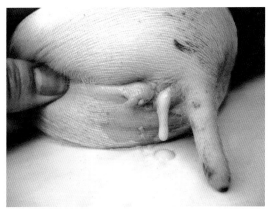

图3-14　猪球虫病症状（仔猪排出黄色稀粪）

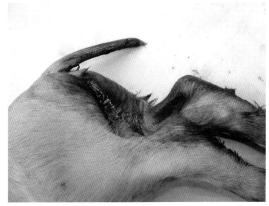

图3-15　猪球虫病症状（仔猪排出黏液状稀粪）

5. 病理变化

除了全身脱水病变外，空肠和回肠呈卡他性肠炎（图3-16），肿大明显，肠内容物空虚或有少量黄绿色分泌物，肠黏膜表面有斑点状出血或坏死灶，肠系膜淋巴结肿大。

6. 诊断

调查感染率时，可抽检仔猪或中大猪的粪便进行卵囊检查（可直接镜检或用饱和生理盐水漂浮集卵后再镜检）。对于病死小猪，可直接刮取空肠或回肠黏膜进行镜检。其中艾美耳属的球虫可在小肠内容物中检出

图3-16　猪球虫病病理变化（小肠卡他性肠炎）

大量成熟的裂殖体、月牙状的裂殖子以及一些椭圆形卵囊；猪等孢球虫则可在回肠后段肠内容物中检出一些近圆形卵囊。卵囊在2.5%重铬酸钾溶液培养（在27~28℃恒温培养箱内）1~3天后，艾美尔球虫的卵囊内可见有4个孢子囊，而等孢球虫的卵囊内只见到2个孢子囊。此外，不同种类的球虫卵囊还要通过观察孢子化卵囊等其他形态结构予以鉴别。

7. 防治

预防措施包括母猪的分娩栏要做成高床，保持舍内卫生和干燥，对出生5~10天的仔猪用抗球虫药（如5%三嗪酮悬液）进行预防。

本病的治疗，一方面可采用5%三嗪酮悬液灌服仔猪，每头0.5~1毫升，连用2~3次；另一方面对腹泻严重的仔猪可配合肌内注射磺胺类药物注射液，具有很好的治疗效果。对于并发的猪球虫病，还要进行对症治疗。

（三）猪小袋纤毛虫病

猪小袋纤毛虫病是由结肠小袋虫寄生于大肠内引起的一种猪原虫病。

1. 虫体形态

结肠小袋虫在发育过程中有滋养体和包囊两种形态。滋养体呈卵圆形或梨形（图3-17），大小为（30~200）微米×（25~120）微米，身体前端有一倾斜的沟，沟的底部为胞口，向下连接一管状结构，以盲端终于胞浆内。体内有一个主核（如腊肠样），位于虫体中部，其附近有一小核。虫体后端有肛孔。胞浆中还有一些空泡和食物泡。虫体全身外面覆有纤毛，能快速运动。包囊呈球形或卵圆形（图3-18），直径为40~60微米，不能运动，外有两层囊膜，囊内包藏1个能稍微蠕动的虫体。

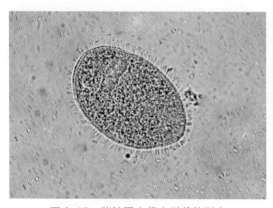

图3-17 猪结肠小袋虫滋养体形态

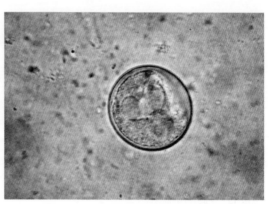

图3-18 猪结肠小袋虫包囊形态

2. 生活史

猪吞食了结肠小袋虫的包囊而被感染。包囊到胃和小肠后，囊壁被消化，滋养体逸出，寄生在猪的盲肠、结肠内。以血细胞、组织细胞、淀粉和细菌等为营养，并以二分裂法进行繁殖（图3-19）。在内环境适合繁殖时，如天气转变、饲料更换以及肠道内一些疾病导致肠炎病变时，结肠小袋虫的滋养体就大量繁殖，在临床上导致猪腹泻。当结肠小袋虫的滋养体随粪便排到体外后，在不利环境条件下（如干燥），多数滋养体会崩解，也有少数滋养体在其外面包围一层囊膜而形成包囊，包囊在外界可存活几个月时间。

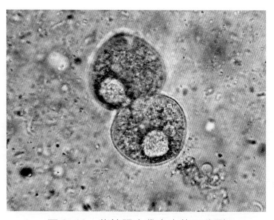

图3-19 猪结肠小袋虫虫体二分裂

3. 流行病学

本病分布广，几乎所有猪场都有本病的存在。不同品种猪均可感染本病病原，多数日龄段的猪可感染本病病原。其中，公母猪、中大猪往往隐性带虫而不发病，但其粪便中始终都有结肠小袋虫滋养体或包囊存在。断奶后的仔猪若大量寄生结肠小袋虫可导致严重腹泻。单纯哺乳的仔猪一般不感染本病病原，但一旦仔猪采食颗粒饲料以后，就有可能发生本病。小猪断奶后 1~2 周是本病的发生高峰期。本病的发生与饲养环境条件关系很大，若饲料配方或原料更换、天气变化、仔猪发生胃肠炎或其他肠道寄生虫病，均可诱发本病。猪舍环境潮湿也会加剧本病的病情。结肠小袋虫除了感染猪以外，还会感染人，有时也会感染牛和羊。

4. 临床症状

病猪主要表现腹泻，所排出的粪便颜色呈灰黑色（图 3-20），有时带有黏膜碎片，一般无体温升高反应。耐过猪转为慢性病例时，表现为消瘦贫血，生长缓慢。用一般的抗生素治疗无明显效果。

5. 病理变化

盲肠和结肠肿大明显，内容物呈灰黑色（图 3-21），肠内膜表现卡他性肠炎或局灶性出血（图 3-22），肠内容物稀，呈黄绿色或黑褐色，肠系膜淋巴结肿大明显。有时在大肠壁可见一些黄色坏死斑点（图 3-23）。

图 3-20　猪小袋纤毛虫病症状（粪便稀，呈灰黑色）

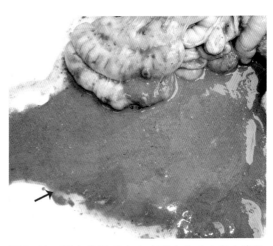

图 3-21　猪小袋纤毛虫病病理变化（大肠内容物呈灰黑色）

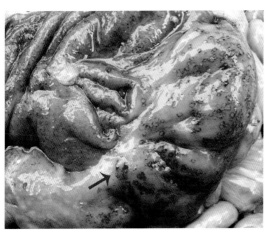

图 3-22　猪小袋纤毛虫病病理变化（大肠黏膜局灶性出血）

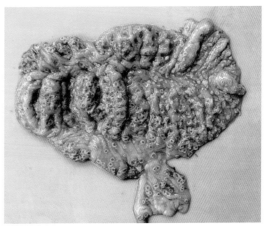

图 3-23　猪小袋纤毛虫病病理变化（大肠黏膜黄色坏死斑）

6. 诊断

取少量新鲜粪便或少量肠黏膜刮取物，用生理盐水稀释后在显微镜下观察，如见到大量游动的结肠小袋虫滋养体（图 3-24），一般可作出诊断。做结肠小袋虫普查时，除了检查滋养体外，还要检查粪便中的包囊。鉴于结肠小袋虫隐性感染比较普遍，也常与其他肠道疾病并发，因此在显微镜下检出结肠小袋虫滋养体未必一定就是单纯的猪小袋纤毛虫病，还要检查其他病原（如大肠杆菌、沙门菌、毛首线虫、胃肠炎病毒等），看看有无与其他疾病病原混合感染。

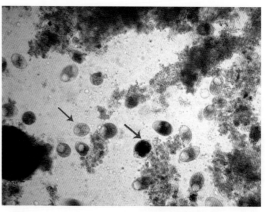

图 3-24 大量游动的结肠小袋虫滋养体

7. 防治

本病的预防，首先要做好猪舍的环境卫生和消毒工作，及时清除猪粪，防止饮水和饲料受到粪便污染，并保持猪舍干燥。饲料配方变动要有缓冲期。做好仔猪保温工作。其次，对于本病比较严重的猪场，可定期添加甲硝唑、地美硝唑、乙酰甲喹等药物进行预防。

本病的治疗除了找出病因，加强饲养管理外，可选用下列药物进行治疗：甲硝唑（按每千克饲料添加 30~50 毫克），地美硝唑（按每千克饲料添加 20~40 毫克），乙酰甲喹（按每千克体重 5~10 毫克），进行拌料口服治疗。若并发其他原因的腹泻，则要相应添加其他抗生素或抗寄生虫药。

（四）猪三毛滴虫病

猪三毛滴虫病是由猪三毛滴虫寄生于盲肠和结肠内引起的一种猪寄生虫病。

1. 虫体形态

新鲜病料中的虫体呈纺锤形、梨形或长卵圆形。虫体长 9~25 微米，宽 3~10 微米，前半部有细胞核，由动基体伸出 4 根长鞭毛，其中 3 根向前伸（前鞭毛），另一根沿波动膜边缘向后延伸（后鞭毛）。虫体中部有一轴杆起于虫体前端，穿过虫体中线向后延伸，其末端突出于虫体的后端。新鲜病料中的虫体在显微镜下可快速向前运动（图 3-25）。

2. 生活史

猪三毛滴虫的生活史还不十分明确。据分析，与猪场的水源、卫生条件以及仔猪胃肠内环境变化有关。胃肠内环境偏碱有利

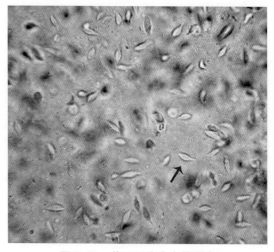

图 3-25 猪三毛滴虫虫体形态

于该虫繁殖。猪三毛滴虫随饮水或被污染的饲料进入小猪体内，造成小猪隐性感染。当小猪的胃肠内环境发生改变而适宜猪三毛滴虫生长时，猪三毛滴虫就以纵分裂方式进行快速繁殖，导致猪盲肠和结肠出现严重的卡他性肠炎。大肠内的猪三毛滴虫随粪便排出体外，在干燥条件下多数会崩解，少数在潮湿环境条件下会存活1~2周，有可能再次污染饮水或饲料。

3. 流行病学

猪三毛滴虫只感染猪，它与牛的胎儿三毛滴虫是否有关系尚未明了。在各种日龄中以断奶后的保育猪发病率最高，感病性最强，而中大猪和母猪多表现隐形感染。一年四季均可感染。猪三毛滴虫病以中小型猪场或散养户发病率较高，而大规模集约化猪场少见。

4. 临床症状

仔猪主要表现为顽固性腹泻，粪便为水样，全身脱水明显，肛门口皮肤红肿（图3-26）。用一般抗生素和磺胺类药物治疗无效，发病率达70%，死亡率达20%~50%，死亡速度快。

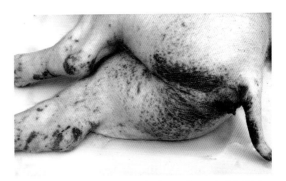

图3-26　猪三毛滴虫病症状（肛门口皮肤红肿）

5. 病理变化

剖检可见小猪盲肠和结肠膨大明显，内充满空气和黄绿色液体。肠系膜淋巴结肿大，胃与小肠空虚，内含少量黄色黏液（图3-27），其他脏器无明显病变。

6. 诊断

刮取病猪结肠、盲肠内容物或肠内膜，滴加1~2滴生理盐水，盖上盖玻片，在显微镜下观察，如见到大量梭形、月牙形或梨形的虫体在穿梭运动，有的活动慢些则呈左右摆动，或在油镜下观察，清晰见到虫体前端有3根鞭毛以及波动膜和1根后鞭毛，即可作出诊断。

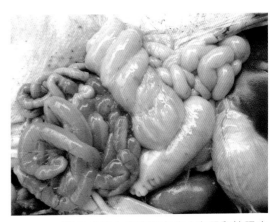

图3-27　猪三毛滴虫病病理变化（盲肠和结肠内充满空气和黄绿色液体）

7. 防治

本病的防治措施可参考猪小袋纤毛虫病。特别强调要做好饮水卫生消毒工作，保持猪舍清洁和干燥。此外，保持胃肠道酸性环境有利于预防本病的发生。

（五）猪毛首线虫病

猪毛首线虫病又称猪鞭虫病，是由猪毛首线虫寄生于盲肠、结肠引起的一种猪常见寄生虫疾病。

1. 虫体形态

猪毛首线虫虫体呈鞭状，体前部较细，体后部较粗，体前部长度与体后部长度比为2∶1

（图3-28）。雄虫体长23.7~64.0毫米，体前部宽0.166~0.199毫米，体后部宽0.664~0.869毫米，尾部呈螺旋状卷曲，交合刺1根，长度为2.0~4.2毫米，交合刺鞘上有小刺，鞘末端膨大（图3-29、图3-30）。雌虫体长35.0~56.0毫米，体前部宽0.166~0.182毫米，体后部宽1.04~1.16毫米，尾端较直、呈钝圆形，阴部开口于虫体粗细交界处，子宫大、呈囊状。虫卵呈腰鼓状（图3-31），两端有小栓，大小为（39~50）微米×（19~27）微米。

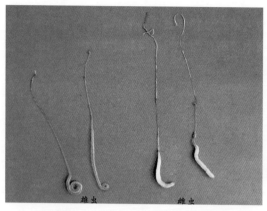

图 3-28　猪毛首线虫虫体形态

图 3-29　猪毛首线虫雄虫交合刺形态

图 3-30　猪毛首线虫雄虫交合刺鞘形态

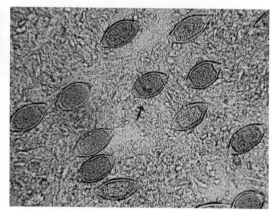

图 3-31　猪毛首线虫虫卵形态

2. 生活史

雌虫产卵后随粪便排出体外，在外界适宜的温度和湿度下发育成含第1期幼虫的感染性虫卵。猪吞食了感染性虫卵后，第1期幼虫在小肠后段孵出并钻进肠绒毛进一步发育，到8天后幼虫就移行到盲肠和结肠，并固着肠黏膜上，感染后30~40天发育为成虫。成虫寿命为4~5个月。

3. 流行病学

猪毛首线虫会感染猪，据报道也会感染人。对2~4月龄的小猪影响大，不仅感染率高，而且危害大，大猪和母猪往往表现隐性感染。由于猪毛首线虫的卵壳厚，在野外抵抗力强，可在土壤中存活5年，在卫生条件不好的猪舍内，一年四季均可感染并形成疫源地。

4. 临床症状

轻度感染时，病猪表现为间歇性腹泻，轻度贫血，也会部分影响猪只发育。严重感染时，

图 3-32 猪毛首线虫病症状（眼结膜苍白）

图 3-33 猪毛首线虫病症状（拉带黏液或带血稀粪）

病猪眼结膜苍白（图 3-32），食欲减退，明显消瘦贫血，顽固性腹泻，粪便带黏液或带血（图 3-33）。用一般止痢药物治疗，几天后又会出现腹泻现象，严重的可导致衰竭死亡。

5. 病理变化

病猪贫血、消瘦，盲肠和结肠肿大明显（图 3-34），切开盲肠和结肠可见肠炎严重，并有大量鞭子样虫体附着于肠黏膜（图3-35 至图 3-37），肠内容物为粉红色黏液样，肠黏膜出血水肿明显。慢性病例只能见到少量猪毛首线虫黏附于大肠黏膜上，而肠内容

图 3-34 猪毛首线虫病病理变化（盲肠和结肠肿大明显）

物无明显变化。在本病的早期阶段（幼虫阶段），肉眼往往看不到白色虫体，只能见到肠黏膜出血和肠内积有大量分泌物（图 3-38），或肠黏膜上有丝状物（图 3-39、图 3-40）。

图 3-35 猪毛首线虫病病理变化（盲肠内膜炎症严重，附着大量白色虫体）

图 3-36 猪毛首线虫病病理变化（结肠内附着大量虫体）

图 3-37　猪毛首线虫病病理变化（盲肠内附着大量虫体）

图 3-38　猪毛首线虫病病理变化（大肠黏膜出血，肠内大量黏液性分泌物）

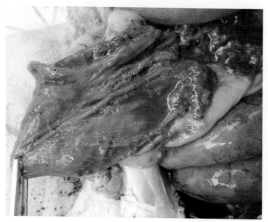

图 3-39　猪毛首线虫病病理变化（肠黏膜上有明显的丝状物）

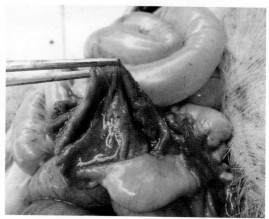

图 3-40　猪毛首线虫病病理变化（肠黏膜上有丝状物）

6. 诊断

根据流行病学、临床症状、病理变化可作出初步诊断。必要时可进行粪检，检出特征性虫卵即可确诊。对幼虫阶段，刮取肠内膜镜检出蛇样幼虫（图 3-41），可作出初步诊断。

7. 防治

由于猪毛首线虫的虫卵抵抗力较强，发生过本病的猪场要定期使用驱虫药物进行预防，同时要及时清扫猪舍内的猪粪，加强猪舍消毒工作（如采用火焰消毒）。

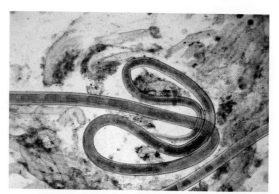

图 3-41　猪毛首线虫幼虫形态

本病的治疗可采用左旋咪唑（按每千克体重 7.5 毫克，连用 3 天）或阿苯达唑（按每千克体重 5 毫克，连用 3 天）进行驱虫处理。对个别严重的病猪可经口灌服上述驱虫药，同时结合肌内注射维生素 B_{12} 和肠道消炎针剂，可提高本病的治愈率。

（六）猪蛔状线虫病

猪蛔状线虫病是由有齿蛔状线虫和圆形蛔状线虫寄生于胃、小肠中引起的一种猪寄生虫病。

1. 虫体形态

有齿蛔状线虫的虫体细长，向腹面弯曲，头端尖（图3-42、图3-43），体表有横纹，头端有6个大乳突（图3-44）。雄虫长25~30毫米，宽0.73毫米，食道长4.57毫米，神经环距头端0.46毫米，排泄孔距头端0.59毫米，颈乳突不对称，交合刺1对、不等长，尾翼膜不对称，肛乳突5对有柄，其中肛前4对不对称，肛后1对，尾端尚有5对不对称的小乳突（图3-45）。雌虫长43~55毫米，宽1毫米，食道长6.31毫米，神经环距头端0.484毫米，颈乳突不对称，尾部长0.58毫米（图3-46）。未成熟虫卵呈长椭圆形，

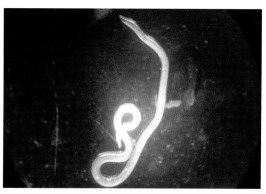

图3-42　猪蛔状线虫虫体形态（活体）

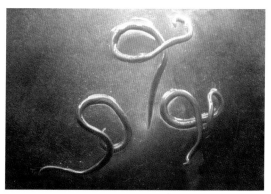

图3-43　猪蛔状线虫虫体形态（标本）

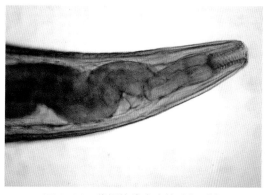

图3-44　猪蛔状线虫虫体头部形态

图3-45　猪蛔状线虫雄虫尾部形态

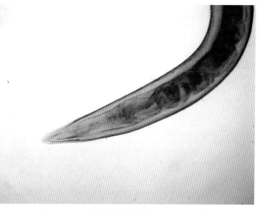

图3-46　猪蛔状线虫雌虫尾部形态

边缘凹凸不平（图3-47），成熟虫卵大小为36微米×22微米，内含一幼虫（图3-48）。圆形蛔状线虫的雄虫长10.1~14.9毫米，雌虫长12.4~23.7毫米，虫卵大小为35微米×20微米。

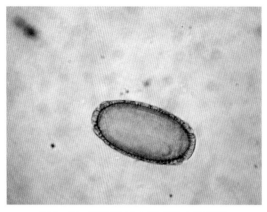
图3-47 猪蛔状线虫未成熟虫卵形态

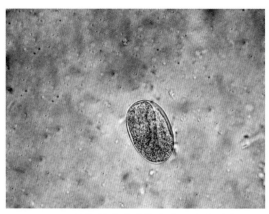
图3-48 猪蛔状线虫成熟虫卵（内含幼虫）

2. 生活史

蛔状线虫虫卵随猪粪便排至外界，被食粪甲虫吞食后，幼虫在甲虫内经20天左右的发育而成为感染性幼虫。当猪又吞食了含有感染性幼虫的甲虫后遭感染。在猪体内，幼虫可深入胃黏膜内生长，经6周发育为成虫。在不适宜的宿主内（如其他哺乳动物、爬行动物等），甲虫中的幼虫可在这些宿主的消化管壁中形成包囊，当猪吞食了这些包囊后，囊内的幼虫仍可在猪体内正常发育。

3. 流行病学

本病主要发生在猪，寄生部位为胃和小肠。在我国许多省都有本病的发生。一般在放牧或散养猪可见，而集约化圈养猪一般无本病。发病日龄多见于2~3月龄以上的猪只。

4. 临床症状

本病一般无明显症状，当大量寄生时有慢性或急性胃炎症状，表现为食欲消失，渴欲增加，病猪生长发育受阻，消瘦，严重的可导致死亡。

5. 病理变化

主要病理变化是胃内容物少，内含大量黏液及一些蛔状线虫（图3-49），胃黏膜尤其是胃底黏膜红肿（图3-50），有时覆有假膜。虫体游离于黏膜表面或部分埋入胃黏膜内。有时蛔状线虫也寄生于十二指肠内（图3-51）。

6. 诊断

根据流行病学、临床症状以及病理变化可作出初步诊断。进一步诊断还要根据成虫的头部形态结构以及粪便中检出虫卵的特征性形态结构。

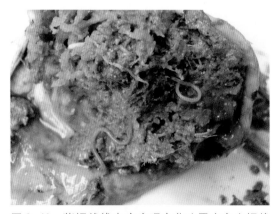
图3-49 猪蛔状线虫病病理变化（胃内寄生蛔状线虫）

 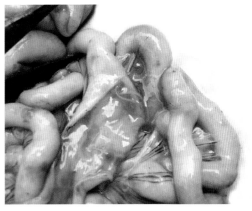

图 3-50　猪蛔状线虫病病理变化（胃底黏膜红肿）　图 3-51　猪蛔状线虫病病理变化（十二指肠内寄生蛔状线虫）

7. 防治

预防上要改变猪的饲养模式，改放牧为舍饲，避免猪只接触泥土或甲虫，同时注意环境卫生，及时清除野外的猪粪。

本病的治疗可采用左旋咪唑（按每千克体重 7.5 毫克）或阿苯达唑（按每千克体重 5 毫克）进行驱虫。在本病常发现地，每隔 2~3 个月驱虫 1 次。

（七）猪食道口线虫病

猪食道口线虫病是由有齿食道口线虫、长尾食道口线虫等寄生于大肠内引起的一种猪寄生虫病。在全国分布较广。

1. 虫体形态

食道口线虫为白色圆形小线虫（图 3-52）。其中有齿食道口线虫的口囊宽度等于深度的 4 倍，叶冠数目为外圈 9 个、内圈 18 个，颈沟位于食道的前部，颈乳突位于食道口后膨大部之稍前方，食道漏斗内无任何结构（图 3-53）。雄虫体长 8~10 毫米，宽 0.14~0.37 毫米，头泡长 0.16~0.19 毫米，食道长 0.34~0.38 毫米，颈乳突距头端 0.306~0.386 毫米，交合

 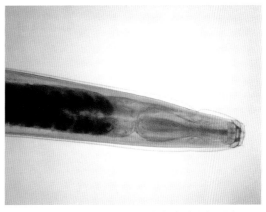

图 3-52　猪有齿食道口线虫虫体形态　　　　图 3-53　猪有齿食道口线虫虫体头部形态

刺长 1.00~1.14 毫米，引带呈铲状、柄铲等长、大小为 0.115 毫米 × 0.05 毫米，交合伞圆形、背叶无缺刻（图 3-54）。雌虫体长 8.0~11.3 毫米，宽 0.146~0.566 毫米，头泡长 0.160~0.210 毫米，食道长 0.38~0.42 毫米，尾部长 0.23~0.38 毫米，阴门距尾端 0.44~0.76 毫米（图 3-55）。虫卵大小为（60~80）微米 ×（35~45）微米（图 3-56）。

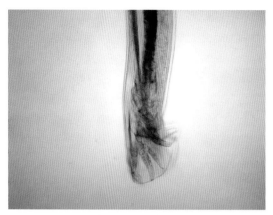

图 3-54　猪有齿食道口线虫雄虫尾部形态

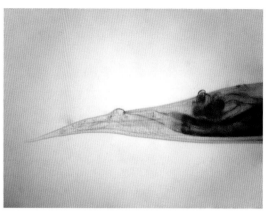

图 3-55　猪有齿食道口线虫雌虫尾部形态

长尾食道口线虫的口囊短，叶冠数目为外圈 9 片、内圈 18 片，颈沟位于食道口前部，颈乳突位于食道膨大部的水平线上，食道漏斗内无任何结构。雄虫体长 6.5~8.5 毫米，宽 0.28~0.40 毫米，头泡长 0.15~0.17 毫米，食道长 0.36~0.40 毫米，颈乳突距头端 0.317~0.427 毫米，交合刺长 0.875~0.900 毫米，引带大小为 0.105 毫米 × 0.049 毫米，交合伞背叶有小缺刻。雌虫长 8.2~9.4 毫米，宽 0.40~0.48 毫米，头泡长 0.15~0.19 毫米，食道长 0.38~0.42 毫米，颈乳突距头端

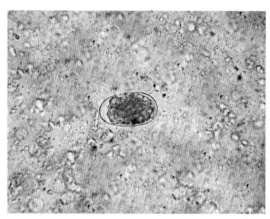

图 3-56　猪有齿食道口线虫虫卵形态

0.340~0.516 毫米，阴门距尾端 0.595~0.960 毫米。虫卵大小为（46~53）微米 ×（28~36）微米。

2. 生活史

虫卵在外界条件适宜时可孵出第 1 期幼虫，再经 7~8 天两次蜕变后形成第 3 期幼虫。猪摄食了被幼虫污染的青草或饮水而遭感染。大部分幼虫进入猪体后 36 小时，会钻进结肠黏膜形成包囊。幼虫在包囊内进行第 3 次蜕变后又从包囊结节返回肠腔，并发育为成虫。整个发育时间需 38~50 天。

3. 流行病学

猪的食道口线虫一般只感染猪，对牛、羊无感染性。在日龄上，以 3~6 月龄猪多见，特别是放牧或粗放饲养的猪易感。本病的发生有明显的地域性。环境干燥易使虫卵和幼虫死亡。

4. 临床症状

轻度感染时，病猪无明显的临床症状。严重感染时，特别是幼虫在大肠黏膜下形成大

量结节时，会导致大肠壁普遍增厚，病猪表现为消瘦，间歇性腹泻或顽固性腹泻，排出的粪便有黏液以及脱落的肠黏膜，有的粪便带血液。

5.病理变化

大肠外壁有点状坏死灶（图3-57、图3-58），切开肠壁可见结肠内壁有圆形的坏死灶（图3-59）或包囊，肠内容物呈黄色糊状，仔细查看在结肠内容物中或结肠内壁坏死灶上可见食道口线虫的成虫（图3-60、图3-61）。

6.诊断

依据临床症状、病理变化以及在大肠壁上发现大量圆形坏死灶，肠腔内含有一些白色杆状食道口线虫，可作出初步诊断。有时可通过粪检，看看粪便中有无食道口线虫的虫卵，也是本病的诊断方法之一。确诊需对

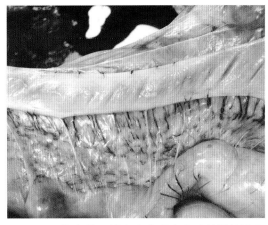

图3-57 猪食道口线虫病病理变化（结肠外壁点状坏死灶）

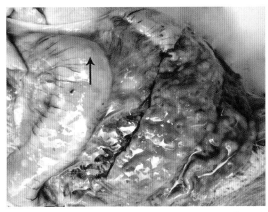

图3-58 猪食道口线虫病病理变化（结肠外壁黄白色坏死灶）

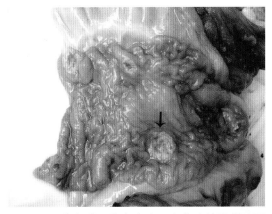

图3-59 猪食道口线虫病病理变化（结肠内壁圆形坏死灶）

图3-60 猪食道口线虫病病理变化（结肠内容物中有食道口线虫）

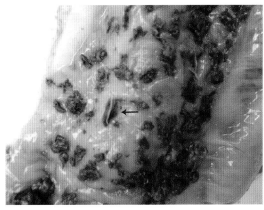

图3-61 猪食道口线虫病病理变化（结肠内壁有食道口线虫）

虫体做进一步形态结构鉴定。

7. 防治

在预防上要做好猪舍和运动场的卫生清洁，尽量保持猪舍干燥以及保持饮水和饲料清洁，少放牧饲养，定期使用广谱抗蠕虫药物进行预防。

本病的治疗可用左旋咪唑（按每千克体重 7.5 毫克）或阿苯达唑（按每千克体重 5 毫克）或伊维菌素（按每千克体重 0.2~0.3 毫克）或芬苯哒唑（按每千克体重 5~7 毫克），每 2~3 个月驱虫 1 次。

（八）猪颚口线虫病

猪颚口线虫病是由刚棘颚口线虫、陶氏颚口线虫和有棘颚口线虫等寄生于胃内引起的一种猪寄生虫病。

1. 虫体形态

刚棘颚口线虫成虫呈淡红色、表皮薄，可见体内白色的生殖器官，头端膨大呈球状（图 3-62），上有小棘，全身其他部位也有小棘排成环状，体前部的棘较大、排列较稀疏，体后部的棘较细、排列紧密（图 3-63、图 3-64）。雄虫长 15~25 毫米，有 1 对不等长的交合刺。雌虫长 22~35 毫米。虫卵为椭圆形（图 3-65），黄褐色，在虫卵一端有一帽状结构，大小为 74 微米 × 42 微米。

图 3-62　猪刚棘颚口线虫头部形态

图 3-63　猪刚棘颚口线虫虫体形态（活体）

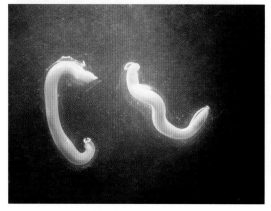

图 3-64　猪刚棘颚口线虫虫体形态（标本）

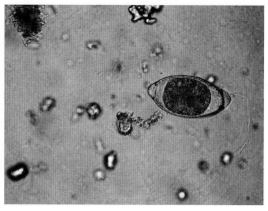

图 3-65　猪刚棘颚口线虫虫卵形态

陶氏颚口线虫的虫体全身有棘，前端有头球，球上有 8~13 个环列小钩，全身其他部位也有小棘排成环状。雄虫长 25.5~38.0 毫米，宽 0.9~1.7 毫米，食道长 5.8~6.2 毫米，交合刺 1 对不等长，左交合刺长 1.8~2.68 毫米，右交合刺长 0.60~0.70 毫米，尾部腹面有 4 对大的有柄乳突和 4 对小的腹乳突。雌虫长 30~52 毫米，宽 1.3~2.8 毫米，食道长 6.0~7.0 毫米，阴门距尾端 10.4~19.0 毫米，尾长 0.336 毫米。虫卵为椭圆形，在虫卵一端有一帽状结构，大小为（56~67）微米 ×（31~37）微米。

有棘颚口线虫的头端有 4 个沉没的气球形唇，之后为膨胀的头球，球上有 8~11 个环列小钩。体表前半部和近尾端披有体棘。雄虫大小为（11~25）毫米 ×（1.0~1.9）毫米，食道长 3.15~3.50 毫米，交合刺 1 对不等长，左交合刺长 2.10~2.63 毫米，右交合刺长 0.46~0.80 毫米，尾长 0.22 毫米，在后端泄殖腔周围有一 "Y" 形无棘区。雌虫大小为（18~27）毫米 ×（1.2~2.0）毫米，食道长 3.4~4.0 毫米，阴门距尾端 4.0 毫米，尾长 0.15 毫米。虫卵为椭圆形，棕黄色，一端也有帽状结构，大小为（60~79）微米 ×（35~42）微米。

2. 生活史

颚口线虫虫卵随猪粪排出体外，在水中经 10~15 天发育孵化出幼虫，幼虫在水中被剑水蚤吞食后，在其体内经 7~17 天发育为感染性幼虫。感染性幼虫若没有立即感染猪，可在一个贮藏宿主（如鱼类、蛙、爬行动物）体内形成包囊。猪随饮水吞食了感染性幼虫或贮藏宿主的包囊后被感染。幼虫在猪胃内发育为成虫（头部深入胃壁，其余游离于胃腔内）。

3. 流行病学

颚口线虫中的刚棘颚口线虫和陶氏颚口线虫只感染猪，而有棘颚口线虫除感染猪外，还可感染犬、猫等肉食兽。本病的发生与猪饲养方式有关，即猪在野外放牧时接触到含剑水蚤的水或吃了贮藏宿主而被感染，而舍饲猪则很少感染。

4. 临床症状

病猪轻度感染时无明显症状，严重感染时有剧烈的胃炎表现，包括食欲不振、呕吐、消瘦等。

5. 病理变化

胃局部红肿，黏膜显著增厚，并可见成虫头部深入胃壁，虫体游离于胃内（图 3-66），胃中积有一些淡红色液体。

6. 诊断

根据流行病学、临床症状及病理变化可作出初步诊断，要确诊需对成虫及虫卵进行深入观察鉴定。

7. 防治

本病的预防，要改变饲养方式，防止猪饮用含剑水蚤的水或吃到含有颚口线虫包

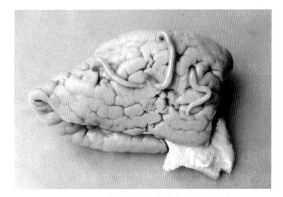

图 3-66　猪颚口线虫头部深入胃壁

囊的贮藏宿主（如鱼类、蛙、爬行动物），平时定期使用广谱抗蠕虫药进行驱虫预防。

本病的治疗采用左旋咪唑、阿苯达唑、伊维菌素等，具体剂量可参考猪蛔虫病治疗方法。

（九）猪冠尾线虫病

猪冠尾线虫病是由有齿冠尾线虫寄生于肾盂、肾周围脂肪和输尿管壁等组织器官引起的一种猪寄生虫病。

1. 虫体形态

有齿冠尾线虫的虫体粗壮，形态似火柴杆，呈灰褐色（图3-67）。口囊呈杯状，底部有6~10个小齿。口缘有一圈细小的叶冠和6个角质隆起。雄虫长20~30毫米，交合伞小，腹肋并行，其基部为一总干，侧肋基部亦为一总干，前侧肋细小，中侧肋和后侧肋较大，外背肋细小。自背肋基部分出，背肋粗壮，远端分为4个小枝，交合刺2根，有引器和副引器。雌虫长30~45毫米，阴门靠近肛门。虫卵为长椭圆形，较大，两端钝圆，大小为（99.8~120.8）微米 × （56~63）微米，内含32~64个胚细胞。

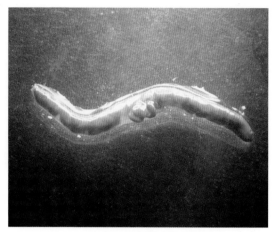

图3-67　猪有齿冠尾线虫虫体形态

2. 生活史

冠尾线虫虫卵随猪尿排出体外后，在适宜的环境条件下经1~2天发育孵化出第1期幼虫，再经几天发育和2次蜕皮后发育成第3期感染性幼虫。感染性幼虫可经口感染和经皮肤感染。经口感染后，幼虫钻进胃壁发育为第4期幼虫，而后经静脉循环到肝脏。经皮肤感染后，幼虫钻进皮肤内变成第4期幼虫也随血液循环到肝脏。幼虫在肝脏中进行第4次蜕皮后穿过肝包膜进入腹腔，再移行到肾脏或输尿管组织中形成包囊，并发育为成虫。有时幼虫也会移行到其他器官，但不能进一步发育为成虫。从感染性幼虫发育到成虫，需3~12个月时间。

3. 流行病学

冠尾线虫主要感染猪，此外，也能寄生于黄牛、马、驴和豚鼠等动物。本病在热带和亚热带地区的猪中分布广泛，危害性大，常呈地方流行性。在我国南方地区，每年的3~5月份和9~11月份较多发。猪舍的墙根等猪排尿地方是感染性幼虫较集中的地方。

4. 临床症状

发病初期，病猪出现不同程度的皮炎，甚至出现丘疹和红色小结节，体表淋巴结肿大，同时还有食欲不振、消瘦、贫血、水肿、被毛粗乱等症状。随着病情加重，病猪后肢无力、跛行或左右摇摆。排出的尿液带白色絮状物或脓液。受感染母猪久配不孕或流产，公猪性欲低下。个别严重的病猪最终因极度衰竭而死亡。

5. 病理变化

病猪皮炎，淋巴结肿大，肝脏结缔组织增生而造成肝硬化，肾脏肿大明显，在肾盂、肾脂肪以及输尿管中可发现冠尾线虫虫体。

6. 诊断

根据流行病学、临床症状及病理变化可作出初步诊断。此外，通过检查尿液，发现大量冠尾线虫虫卵，以及剖检肾脏及其周围组织发现冠尾线虫虫体，即可确诊。

7. 防治

预防措施包括保持猪舍和运动场的干燥和卫生清洁、定期用消毒水消毒猪舍、保持猪舍空气流通、让阳光照射猪舍，以及采用高床设施等，均可减少本病病原的感染。此外，可定期使用左旋咪唑、阿苯达唑、伊维菌素等药物进行治疗，具体剂量可参考猪蛔虫病治疗方法。

（十）猪旋毛虫病

猪旋毛虫病是由旋毛形线虫寄生于猪（人和其他动物也可寄生）引起的一种人畜共患寄生虫病。成虫寄生于猪等动物肠管内，幼虫寄生于猪横纹肌内。

1. 虫体形态

旋毛形线虫成虫细小，肉眼难以辨别。前端细（愈向前端愈细），内含食道部。后部较粗（占虫体一半稍多），内含肠道和生殖器官。雄虫长 1.4~1.6 毫米，尾端有泄殖孔，其外侧为 1 对交配叶（呈耳状悬垂），内侧有 2 对乳突，缺交合刺。雌虫长 3~4 毫米，阴门位于食道部的中央。胎生，无虫卵。

2. 生活史

猪、鼠类等动物因摄食了含有包囊幼虫的动物肌肉而感染，包囊在宿主胃内被溶解后，幼虫就移到十二指肠和空肠内，经过 2 天的发育变成成虫（即肠旋毛形线虫）。雌雄虫在肠黏膜内交配，不久雄虫死去，而雌虫即钻到肠腺和黏膜下的淋巴间隙中进一步发育，并于感染后的 7~10 天开始产幼虫（1 条雌虫可产 1000~10000 条幼虫）。幼虫经肠系膜淋巴系统转移到右心，再转入体循环到全身横纹肌（如肋间肌、膈肌、舌肌、嚼肌）中进一步发育。刚产出的幼虫呈圆柱状，长 80~120 微米，到感染后第 30 天，幼虫长大到 1 毫米。感染后 21 天，幼虫开始在肌肉中形成包囊，到 7~8 周完全形成。包囊内的幼虫似螺蛳锥状盘绕（图 3-68、图 3-69），此时幼虫具有感染性，并有雌雄之别。1 个包囊内一般含有 1 条幼虫，有时也有

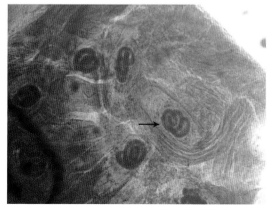

图 3-68　肌肉包囊内幼虫似螺蛳锥状盘绕

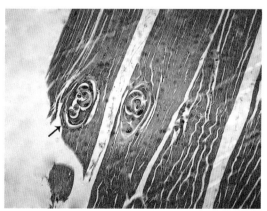

图 3-69　肌肉包囊内幼虫呈螺旋状

6~7条。约6个月后包囊壁增厚，囊内发生钙化（此时幼虫仍有感染力）。人、猪、鼠等动物摄食了生的或未煮熟的含有旋毛形线虫（即肌旋毛形线虫）包囊的动物肌肉而感染。

3. 流行病学

旋毛形线虫的宿主包括人、猪、鼠、犬、猫、熊、狐、狼、豹、黄鼠狼等49种动物。猪感染旋毛形线虫主要是吞食了含有旋毛形线虫的老鼠及生鲜猪肉所致。犬、熊、狼以及人等都是吃了生猪肉或腌制、烧烤不当的猪肉而感染。故肉品卫生检验中将旋毛形线虫列为首要检验项目。

4. 临床症状

猪对旋毛形线虫有很强的耐受性。据研究，1个人按每千克体重吞食5条旋毛形线虫即可致死，而猪要10条以上才会致命。猪自然感染本病病原后，肠型期影响极小，几乎无临床表现症状，肌型期也无明显的临床症状。死亡的病例也很少。

5. 病理变化

主要病理变化是肌细胞横纹消失，肌纤维增生。

6. 诊断

生前可采用间接血凝试验和酶联免疫吸附试验进行诊断。死亡后常用肌肉压片法和消化法检查幼虫进行诊断。

7. 防治

预防措施包括在本病流行地区不用生的泔水或废肉屑喂猪，在猪舍内要经常灭鼠，并加强肉品卫生检验工作，发现含旋毛形线虫的猪肉应进行无害化处理。

本病的治疗可用甲苯达唑、氟苯咪唑、阿苯达唑等药物，但对病猪的治疗意义不大。

（十一）猪鞭形鞭虫病

猪鞭形鞭虫病是由猪鞭形鞭虫寄生于盲肠、结肠、直肠引起的一种猪寄生虫病。

1. 虫体形态

虫体呈鞭状，虫体前部和后部长度之比为3：2。口中有一矛形物，头部无明显的口腔（图3-70）。雄虫体长30~45毫米，尾部向背面卷曲。交合刺1根，长2.5毫米，其末端呈枪尖状，交合刺鞘呈长圆筒状，末端膨大呈喇叭状，鞘上覆有很多小刺（图3-71）。雌虫体长35~50毫米，尾直，末端钝圆，卵巢位于虫体后部1/5处，阴门开口于虫体粗细交界处（图3-72）。幼虫的形态似蛇状（图3-73），无明显的前后部之分。虫卵大小为（50~54）微米×（22~23）微米（图3-74）。

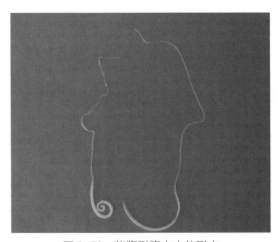

图3-70 猪鞭形鞭虫虫体形态

图 3-71　猪鞭形鞭虫雄虫尾部形态

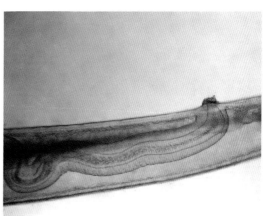

图 3-72　猪鞭形鞭虫雌虫阴门形态

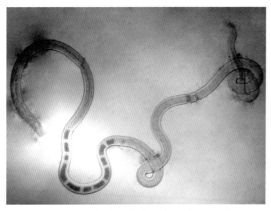

图 3-73　猪鞭形鞭虫幼虫形态似蛇状

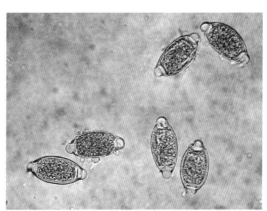

图 3-74　猪鞭形鞭虫虫卵形态

2. 生活史

猪鞭形鞭虫的生活史与猪毛首线虫相似，幼虫到达猪的盲肠和结肠后可固定于肠黏膜上或游离于大肠内容物中，会产生明显的出血性肠炎和卡他性肠炎，经过 30~40 天发育为成虫。成虫可见于盲肠、结肠以及直肠。

3. 流行病学

本病对 2~4 个月龄的小猪影响大，发病率高、死亡率高，大猪和母猪往往表现隐性感染。猪鞭形鞭虫虫卵在外界抵抗力强，有发生过本病的猪场不易根除，一年四季均可感染。

4. 临床症状

病猪表现为间歇性腹泻或顽固性腹泻，排出的粪便往往呈黏液状并带血液。病猪消瘦贫血，在同一栏猪只传播快，严重的病猪最终衰竭而死亡。

5. 病理变化

盲肠、结肠肿大明显（图 3-75、图 3-76），切开盲肠和结肠可见肠内充满黑褐色或粉红色黏液状内容物（图 3-77、图 3-78），恶臭，用刀轻刮肠黏膜可见黏液状内容物中混有许多细小的白色丝状鞭形鞭虫幼虫，有些丝状物还会黏附在肠壁上。肠黏膜表面充血、出血明显，部分黏膜还会出现溃疡灶或坏死灶。在盲肠、结肠以及直肠内还可见到白色的鞭形鞭虫成虫。

图 3-75　猪鞭形鞭虫病病理变化（盲肠、结肠明显肿大）　图 3-76　猪鞭形鞭虫病病理变化（结肠明显肿大）

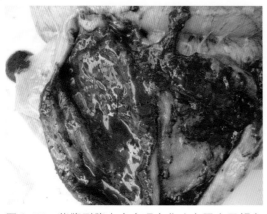
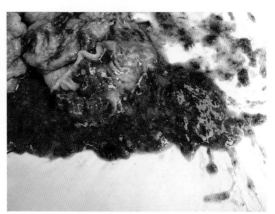

图 3-77　猪鞭形鞭虫病病理变化（大肠内黑褐色内容物）　图 3-78　猪鞭形鞭虫病病理变化（大肠内粉红色内容物）

6. 诊断

依据流行病学、临床症状以及病理变化可作出初步诊断。本病确诊主要通过成虫鉴定，鞭形鞭虫雄虫的交合刺鞘具有特征性结构。此外可根据虫体的前部与后部的比例、虫体大小、虫卵大小等方面与猪毛首线虫进行鉴别诊断。

7. 防治

可参照猪毛首线虫病的防治措施。

（十二）猪棘头虫病

猪棘头虫病是由蛭形巨吻棘头虫寄生于猪（人以及猫、犬也可寄生）小肠内引起的一种人畜共患寄生虫病。

1. 虫体形态

蛭形巨吻棘头虫为长圆柱形（图 3-79、图 3-80），乳白色或淡红色，前部较粗，向后有 5~6 列小钩，每列 6 个。雄虫长 7~15 厘米，雌虫长 30~68 厘米。虫卵为长椭圆形（图 3-81），大小为 47~91 微米，卵壳比较厚，由 4 层组成，卵内含有一幼虫，即棘头蚴。

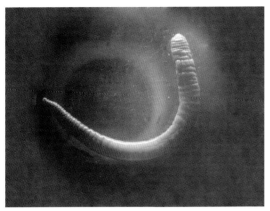

图 3-79　猪蛭形巨吻棘头虫虫体形态

图 3-80　猪蛭形巨吻棘头虫虫体形态（标本）

2. 生活史

蛭形巨吻棘头虫成虫寄生于猪小肠内，2~3 个月后雌虫即开始排卵，卵随粪便排至外界。中间宿主为金花龟属的金龟子、鳃角金龟属的金龟子以及其他甲虫。虫卵被甲虫幼虫吞食之后，虫卵中棘头蚴在中间宿主肠内孵化，然后穿过肠壁进入体腔发育为棘头体，再经 2~3 个月形成具有感染性的棘头囊。猪吞食了含有棘头囊的甲虫而感染。棘头囊在猪消化道内脱囊，以吻钩固定于肠壁上，经 3~4 个月发育为成虫，在猪体内可以寄生 10~24 个月。

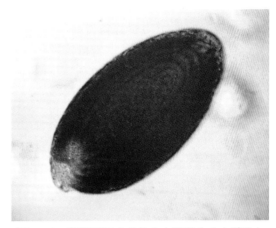

图 3-81　猪蛭形巨吻棘头虫虫卵形态（李祥瑞）

3. 流行病学

本病常见地方流行性，特别是放牧、粗放饲养的猪更易感染。金龟子一类甲虫是本病的中间宿主和感染源，每年春夏季节（5~7 月份），甲虫活动频繁，放牧猪的发病率也高。

4. 临床症状

病猪表现为消瘦，黏膜苍白，精神委顿，吃食不好，有时会出现急性死亡。

5. 病理变化

在空肠和回肠的浆膜层上可见一些灰黄色或暗红色小结节，严重的可见肠壁穿孔，肠粘连，甚至肠破裂。在小肠内壁可见大量虫体（图 3-82）。

6. 诊断

根据流行病学、临床症状及病理变化，以及在粪便中有无特征性虫卵，即可确诊。

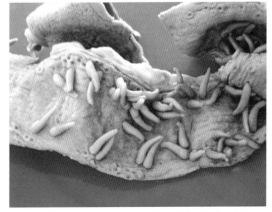

图 3-82　猪棘头虫病病理变化（小肠内壁寄生大量蛭形巨吻棘头虫）

7. 防治

预防措施包括改变饲养方式，改放牧饲养为舍饲，不用金龟子喂猪或不让猪接触到金龟子，平时对猪粪做发酵处理，定期使用广谱驱虫药进行预防性驱虫。

本病的治疗可选用左旋咪唑、阿苯达唑等药物。

（十三）猪疥螨病

猪疥螨病是由猪疥螨寄生于皮肤引起的一种猪常见寄生虫病。

1. 虫体形态

猪疥螨很小，呈类圆形，背腹面较扁平，前端有马蹄形的咀嚼器。背部有刺和刚毛，腹面有 4 对足，前 2 对足位于体前部并伸向前方，后 2 对足位于体后端并伸向后方。雄螨大小为（0.250~0.338）毫米×（0.165~0.242）毫米，第 1 对、第 2 对、第 4 对足末端具有柄吸盘，第 3 对足末端有 1 根刚毛（图 3-83）。雌螨大小为（0.339~0.509）毫米×（0.280~0.356）毫米。第 1、2 对足末端具有柄吸盘，第 3、4 对足末端各有 1 根刚毛（图 3-84）。虫卵呈椭圆形，大小为 150 微米×100 微米。

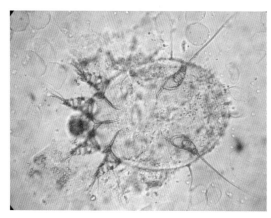

图 3-83 猪疥螨雄虫形态

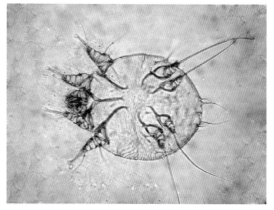

图 3-84 猪疥螨雌虫形态

2. 生活史

猪疥螨同其他种类疥螨一样，其全部发育过程都在动物体上度过。发育过程包括卵、幼虫、若虫和成虫 4 个阶段。猪疥螨的口器为咀嚼式，在宿主表皮内挖掘隧道，以角质组织和渗出的淋巴结为食，并在隧道内繁育。雌螨在隧道内产卵（每 2~3 天产卵 1 次，一生可产 40~50 个卵），卵经 3~8 天孵化出幼螨（3 对足）。这些幼螨比较活跃，会爬到皮肤表面再钻入皮内形成小穴，并在小穴内蜕皮为若螨（4 对足）。其中，体型较小的为雄螨若虫，只有 1 期发育，经 3 天蜕化为雄螨；体型较大的为雌螨若虫，有 2 期发育。雄螨在表皮内与雌螨交配后不久即死亡，而雌螨寿命可达 4~5 周。疥螨整个发育过程为 8~22 天，平均15 天。

3. 流行病学

猪疥螨只感染猪，对其他动物无传染性，不同日龄猪均易感染。传播方式可通过猪只的相互接触而传播，也可通过被沾染猪疥螨的畜舍、用具等间接传播。寒冷季节和猪只营养不良、环境潮湿等均可促使本病发生。

4.临床症状

病猪出现疥螨病时主要表现为皮肤剧痒，经常在墙壁、铁架上摩擦（图3-85），同时在皮肤局部出现红斑、结痂、脱毛和皮肤增厚现象（图3-86、图3-87），有的猪耳朵内也长疥螨（图3-88）。严重的可见皮肤渗出物干涸后出现皱褶和龟裂现象。此外，病猪还出现不同程度的减食、消瘦、贫血、生长缓慢现象。

图3-85　猪疥螨病症状（病猪用身体皮肤摩擦墙壁）

图3-86　猪疥螨病症状（背部皮肤增厚）

图3-87　猪疥螨病症状（脚部皮肤增厚）

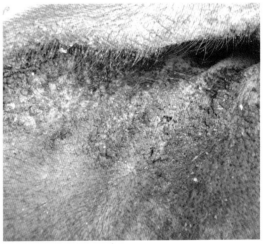

图3-88　猪疥螨病症状（耳朵内长疥螨）

5.病理变化

局部皮肤出现炎症病变，严重时出现炎症坏死。

6.诊断

根据流行病学、临床症状及病理变化可作出初步诊断。必要时可用小刀刮取患部皮肤（刮到微出血为止），将皮屑或带血刮取物加5~10毫升的10%氢氧化钠溶液处理1~2小时，再离心，取沉淀物进行镜检，检出猪疥螨的虫体即可诊断。在生产实践中，为了评价猪疥螨感染程度可通过蹭痒指数（即摩擦指数）来评价猪场感染疥螨的情况。蹭痒指数是指猪场在静止状态下，观察猪群（不少于 10 头）在 15 分钟内总的蹭痒猪头数除以被观察猪群头数。正常猪群的平均蹭痒指数应低于 0.1，若超过 0.1 则提示猪群可能感染猪疥螨；若指数超过 0.4，则提示猪群严重感染。

7. 防治

做好猪舍环境卫生，保持猪舍干燥通风和透光，加强猪群饲养管理，定期消毒。引种猪时要严禁把有感染猪疥螨的猪引入。本病为猪场常见病、多发病，不易根除，平时还要定期进行驱虫预防，一般每年 4 次。发现猪只有脱毛现象或蹭痒指数超过 0.1 时，要及时采取隔离和体内外驱虫措施。

本病的治疗措施如下：

（1）外用药治疗。在气温较高的好天气，选用 5% 敌百虫、0.05% 双甲咪、0.005%~0.01% 溴氰菊酯、0.025% 三氯杀螨醇等药物对病猪进行体外喷雾，每周 1~2 次。连用 2~3 次。

（2）口服治疗。可用伊维菌素（按每千克体重 0.2~0.3 毫克）拌料治疗，连用 3~5 天。

（3）肌内注射治疗。对个别严重的病猪可使用伊维菌素注射液（按每千克体重 0.3 毫克）或 1% 多拉菌素（如通灭）进行皮下注射或肌内注射，均有较好的治疗效果。

（十四）猪血虱病

猪血虱病是由猪血虱寄生于体表引起的一种猪寄生虫病。

1. 虫体形态

猪血虱为大型虱，头部较长（长度约为宽度的 2 倍），口器刺吸式，触角有 5 节，眼突呈短指状，胸板呈梯形，腹部大、9 节，背腹面每节至少有 1 行毛，足 3 对、粗短。雄虫体长 3.5~4.7 毫米，腹部几乎呈圆形，背片明显而宽，生殖片的长度为宽度的 3 倍，无刚毛，假阳茎弯曲不对称（图 3-89）。雌虫长 4.5~5.8 毫米，第 7 生殖足发育良好，略呈长三角形（图 3-90）。

图 3-89　猪血虱雄虫形态

图 3-90　猪血虱雌虫形态

2. 生活史

整个发育过程为不完全变态，包括卵、若虫和成虫。雌虫和雄虫交配后，雄虱即死亡，雌虱于2~3天后开始产卵，每天可产1~4枚。虫卵为长椭圆形，黏附于猪的被毛上，经过9~20天孵化出若虫。若虫又分为3期，每隔4~6天蜕化1次，经3次蜕化后变为成虫。雌虱产卵期2~3周，产卵干净后即死亡。

3. 流行病学

猪血虱只感染猪，一年四季均可感染，其中以秋、冬季节感染率高。此外与猪的饲养管理条件有关，如有垫料的猪舍感染率较高。在猪体表上，以耳基部周围、颈部、腹部和四肢内侧部位更易感。猪血虱主要通过接触传播，有时也通过褥草和工具等间接传播。

4. 临床症状

猪血虱的寄生会导致猪只皮肤局部有瘙痒表现，即猪只时常蹭痒、不安，也会不同程度地影响猪只的生长性能，严重时会造成局部皮肤脱毛和损伤。仔细检查，在毛发上可见血虱及虫卵寄生（图3-91）。

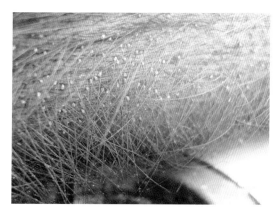

图3-91 毛发上寄生血虱及虫卵

5. 病理变化

无明显的肉眼病变。

6. 诊断

根据流行病学、临床症状及病理变化可作出初步诊断。必要时可把虱子放在体视显微镜下进行深入观察鉴定。

7. 防治

预防措施包括改善饲养管理，在冬春寒冷季节不使用稻草或其他褥草做垫料，加强舍内的卫生清洁和消毒工作。

本病的治疗，可使用溴氰菊酯、氰戊菊酯、敌百虫、辛硫磷、双甲脒等药物喷洒猪皮肤和猪舍，每周1~2次。个别严重的病例也可使用伊维菌素注射液进行皮下注射，有很好的治疗效果。

（十五）猪蜱虫病

猪蜱虫病是硬蜱科和软蜱科中多种蜱虫寄生于猪体皮的一种寄生虫病。

1. 虫体形态

寄生在猪体皮的蜱虫有硬蜱科中的全沟硬蜱、二棘血蜱、豪猪血蜱、长角血蜱、森林革蜱、微小牛蜱、镰形扇头蜱、短小扇头蜱、血红扇头蜱（图3-92）、残缘璃眼蜱、龟形花蜱，以及软蜱科中的波斯锐缘蜱。不同种类的蜱虫，其形态、结构、大小有所不同。一般来说，蜱虫的躯体呈圆形或椭圆形，头、胸、肢连成一体，口器在躯体前或位于躯体腹面，成虫有4对足，幼虫只有3对足。

2. 生活史

蜱的发育需要经过卵、幼虫、若虫及成虫4个阶段，幼虫、若虫和成虫3个阶段一般都寄生在人、畜、禽或野生动物身上吸血，雌雄异体。交配后吸饱血的雌蜱离开宿主，落地在土壤或草丛缝隙内产卵，产卵后1~2周内死亡。虫卵经2~3周或1个月以上孵化出幼虫，幼虫寄生在宿主身上，经过数十天相继蜕皮发育成若虫和成虫。蜱虫的吸血量很大，饱食后体重会增加10~20倍。

图3-92　血红扇头蜱形态

3. 流行病学

蜱类的分布与气候、地势、土壤、植被及宿主有关，不同地区存在不同的蜱虫，如微小牛蜱主要分布在农耕地区。蜱虫的活动有明显的季节性，一般在温暖季节较多见（如4~11月）。在冬春寒冷季节里，不同蜱虫种类会选择不同的方式越冬，有的会叮附在宿主身上越冬，有的会躲在土壤中或树缝中越冬。不同的蜱虫种类，其寄生的动物种类不同，有些蜱虫是一宿主蜱（如微小牛蜱），有的蜱虫是二宿主蜱（如残缘璃眼蜱），有的蜱虫是三宿主蜱（如长角血蜱）。在舍内圈养的猪很少出现蜱虫病，而在野外放牧的猪，特别是山里放牧的猪易患蜱虫病。

4. 临床症状

在身体皮肤上可见到大小不等的蜱虫寄生（以耳朵、腹下、大腿内侧皮肤多见，图3-93至图3-95）。患猪表现消瘦，被毛粗乱，贫血，皮肤瘙痒，严重时会因贫血或继发感染而死亡。不同的继发感染疾病，出现相应的临床症状。

5. 病理变化

病死猪出现全身性贫血，可视黏膜苍白，局部皮肤水肿、出血、坏死，内脏器官

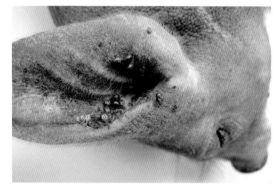

图3-93　猪蜱虫病症状（耳朵皮肤寄生蜱虫）

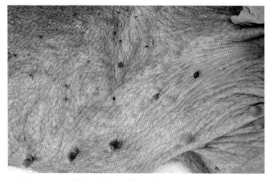

图3-94　猪蜱虫病症状（腹下皮肤寄生蜱虫）

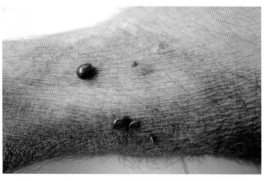

图3-95　猪蜱虫病症状（大腿内侧皮肤寄生蜱虫）

一般无明显病变。若继发其他疾病，则还会出现相应疾病的病理变化。

6. 诊断

硬蜱科蜱虫的鉴定要根据蜱虫有无肛沟、假头基形状、须肢的长短及形态、盾板的颜色和花斑等结构特征来判断。软蜱科蜱虫的鉴定要根据假头和躯体的形态结构来判断。

7. 防治

（1）消灭猪体上的蜱虫，可采用人工捕捉、药物喷洒及注射药物等方法来灭蜱。体外喷洒可采用溴氢菊酯、氰戊菊酯、敌百虫、辛硫磷、双甲脒等药物，每周1~2次。注射药物可使用伊维菌素注射液进行皮下注射。

（2）猪舍内灭蜱，可采用溴氢菊酯、敌百虫、双甲脒等药物，按一定比例定期对猪舍进行喷洒。

（3）野外环境灭蜱，可通过改变自然环境使其不利于蜱虫繁殖，如翻耕牧地、清除杂草和灌木丛、烧荒等。此外，也可喷洒杀虫剂。

（十六）猪肺丝虫病

猪肺丝虫病是由野猪后圆线虫和复阴后圆线虫等寄生于支气管内引起的一种猪寄生虫病。

1. 虫体形态

野猪后圆线虫雄虫长11~25毫米，交合伞较小，前侧肋大，顶端膨大，中侧肋和后侧肋融合在一起，背肋极小，交合刺呈丝状，长4.0~4.5毫米，末端为单钩，无引器。雌虫长20~50毫米，阴道长，超过2毫米，尾长可达90微米，稍弯向腹面。虫卵大小为（51~54）微米 ×（33~36）微米。

复阴后圆线虫虫体细长，呈线状，乳白色，口孔长缝状，围有两个侧唇，每唇分为3叶（图3-96），食道长筒状。雄虫长16~18毫米，交合伞较大，交合刺长达1.4~1.7毫米，末端为双钩，有引器（图3-97、图3-98）。雌虫长22~35毫米，阴道短于1毫米，尾直，角质膨大且覆盖着肛门和阴门（图3-99、图3-100）。虫卵大小为（57~63）微米 ×（39~42）微米，内含一成熟虫卵（图3-101）。

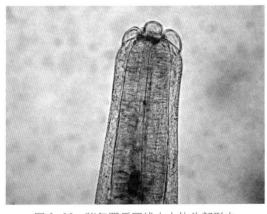

图 3-96 猪复阴后圆线虫虫体头部形态

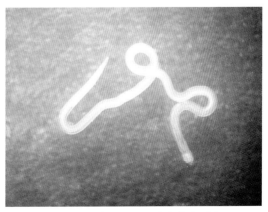

图 3-97 猪复阴后圆线虫雄虫形态

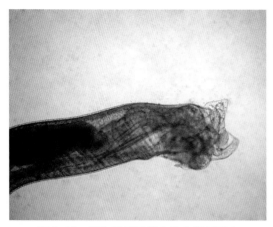

图 3-98　猪复阴后圆线虫雄虫尾部形态

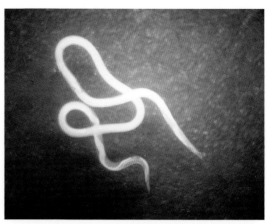

图 3-99　猪复阴后圆线虫雌虫形态

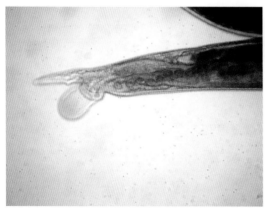

图 3-100　猪复阴后圆线虫雌虫尾部形态

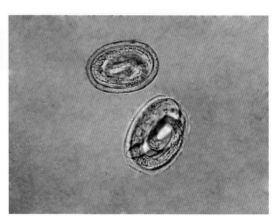

图 3-101　猪复阴后圆线虫虫卵形态

2. 生活史

后圆线虫雌虫在猪的支气管内产卵，卵随气管黏液一起排到口腔后又被咽下，再随粪便到外界。在适宜温度下虫卵发育孵出第 1 期幼虫，蚯蚓吞食了第 1 期幼虫，在其体内经 2 次蜕皮发育成为感染性幼虫，并随蚯蚓的粪便排至土壤中。当猪在拱泥土时吞食了土壤中的感染性幼虫而受感染，感染性幼虫钻入盲肠壁或淋巴系统经 1~5 天发育和 3~4 次蜕皮后经淋巴结系统到血液系统，之后再循环到肺脏，钻出毛细血管，进入肺泡以及细支气管和支气管内发育为成虫。猪感染 23 天后幼虫可发育为成虫。

3. 流行病学

后圆线虫主要寄生于猪，有时牛、羊、鹿等反刍动物及人也偶见发病。各种日龄猪均可能发病，其中以小猪和架子猪比较严重。放牧猪感染率较高，而舍饲猪则很少见。野猪后圆线虫和复阴后圆线虫可同时感染，也可单独感染。由于后圆线虫的虫卵在野外寿命长，抵抗力强，对宿主的选择性不强，造成本病在我国广泛分布，可呈地方流行性。

4. 临床症状

轻度感染时症状不明显，但会影响生长发育。严重感染时，病猪表现为强有力的阵咳以及呼吸困难，特别是在剧烈运动后表现更为明显。此外，病猪还有贫血、食欲减少、生长缓慢等症状。个别严重可并发肺炎（猪流感时表现更明显）而死亡。

5. 病理变化

肺部可见膈叶腹面边缘有楔状肺气肿区，支气管增厚、扩张，靠近气肿区可见肺脏有灰色肉样结节。切开支气管，可见乳白色细长后圆线虫虫体（图3-102）。

6. 诊断

根据流行病学、临床症状及主要病理变化可作出初步诊断，要确定是哪一种后圆线虫需对虫体做进一步鉴定。

7. 防治

预防上要改善饲养管理，改放牧饲养为舍饲，杜绝猪只接触到蚯蚓或黄泥土，每2~3个月要使用广谱驱虫药进行驱虫处理1

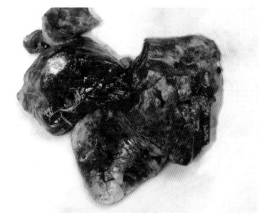

图3-102　猪后圆线虫病病理变化（支气管内寄生复阴后圆线虫）

次。本病的预防、治疗药物可使用左旋咪唑、阿苯达唑、伊维菌素等，具体剂量可参考猪蛔虫病治疗方法。

（十七）猪姜片吸虫病

猪姜片吸虫病是由布氏姜片吸虫寄生于十二指肠中引起的一种猪寄生虫病。本病属于人畜共患病，主要分布在亚洲地区。

1. 虫体形态

新鲜布氏姜片吸虫虫体为肉红色，固定后变为灰黄色，虫体大而肥厚似姜片（图3-103），大小为(20~75)毫米 ×(8~20)毫米，厚度2~3毫米，体表被有易脱落的小棘。口吸盘位于虫体前端，腹吸盘大（为口吸盘的4~5倍），与口吸盘相距较近。两条肠管呈波浪状弯曲伸达虫体后端，但不分枝。睾丸两个，前后排列在虫体后部中央，呈分枝状。卵巢1个，位于虫体中部偏后方，也呈分枝状（位于睾丸前方偏右侧）。虫卵呈淡黄色，卵圆形或椭圆形，大小为（130~150)

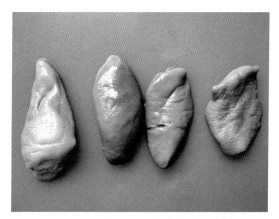

图3-103　猪布氏姜片吸虫虫体形态

微米 ×(85~97)微米，有卵盖，内含1个胚细胞和30~50个卵黄细胞。

2. 生活史

布氏姜片吸虫虫卵随猪粪便排至水中，在26~30℃适宜温度下，经2~4周孵出毛蚴，毛蚴在水中游动遇见中间宿主扁卷螺，并在其体内发育为胞蚴、母雷蚴、子雷蚴以及尾蚴。尾蚴离开扁卷螺后在水生植物（如水浮莲、水葫芦、浮萍、日本水仙、满江红、青萍、黑藻等）

的茎叶上形成囊蚴。当猪吞食了含囊蚴的水生植物后被感染。感染性囊蚴在猪十二指肠内发育为成虫。其中在中间宿主体内从毛蚴发育到尾蚴平均需 50 天，感染性囊蚴进入猪体内到发育为成虫需 100 天，成虫在猪体内的寿命为 1 年左右。

3. 流行病学

本病的传染源是猪和人的粪便。将猪和人的粪便作为有机肥料给水生植物施肥，并用水生植物直接喂猪就易感染本病病原。本病易形成地方性流行。一年四季中，5~10 月份是本病的流行季节。本病主要危害 5~8 月龄的幼猪和中猪。

4. 临床症状

病猪表现为贫血、消瘦、眼结膜苍白、精神沉郁、食欲减退，时常表现腹泻和腹痛症状，最后衰竭而死亡。

5. 病理变化

病猪肠炎，严重感染时可引起肠道阻塞或导致肠破裂或肠套叠。剖检时可在十二指肠内发现布氏姜片吸虫成虫。

6. 诊断

在本病流行地区，根据流行病学、临床症状与病理变化可作出初步诊断。通过粪便检查，检出布氏姜片吸虫虫卵即可确诊。

7. 防治

本病的预防，要改变饲养方式，不直接饲喂水生植物或对水生植物进行无害化处理（如青贮、煮熟等）后再喂猪。平时要定期使用抗吸虫药物进行预防性驱虫。

本病的常用治疗药物有敌百虫（按每千克体重 0.1 毫克）、硫双二氯酚（按每千克体重 60~100 毫克）、吡喹酮（按每千克体重 30~50 毫克）、硝硫氰胺（按每千克体重 3~6 毫克）等，均有治疗效果。

（十八）猪囊尾蚴病

猪囊尾蚴病又称猪囊虫病，是由猪带绦虫在中绦期寄生于猪的肌肉和部分内脏器官引起的一种带绦虫蚴病。本病是一种重要的人畜共患病。猪带绦虫的成虫只寄生于人的十二指肠内，而猪囊尾蚴除了寄生于猪肌肉外，还会寄生于人的脑、心肌等器官。

1. 虫体形态

猪囊尾蚴的外观呈囊泡状（图 3-104），大小为（6~10）毫米 ×5 毫米，囊内充满液体（图 3-105），囊壁上有一个粟粒大小的乳白色内陷头节，头节上有 4 个吸盘，最前端的顶突上有 22~50 个角质小钩（图 3-106、图 3-107）。猪带绦虫的成虫寄生于人的小肠内，长度达 2~5 米，由 700~1000 个结节组成。头节呈圆球形，上有 4 个吸盘和顶突，顶突上有两圈小钩。每个成虫孕节片都有 1 组生殖器官。卵呈卵圆形或椭圆形，直径为 31~43 微米，卵壳有两层，卵内有 1 个 3 对小钩的胚胎（六钩蚴）。

2. 生活史

猪带绦虫成虫只寄生于人的小肠内，其成熟孕节片不断地脱落，随人的粪便排出外界，

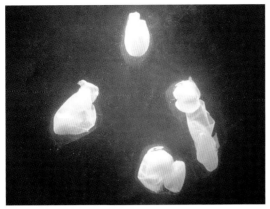

图 3-104 猪囊尾蚴（外观呈囊泡状）

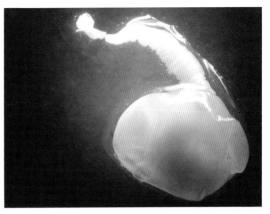

图 3-105 猪囊尾蚴（囊内充满液体）

图 3-106 猪囊尾蚴虫体头节形态

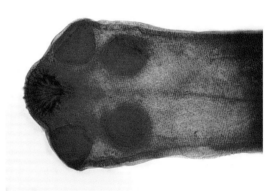

图 3-107 猪囊尾蚴虫体头节形态（染色）

污染了地面或食物。这些孕节片或虫卵被猪吞食后进入消化道，六钩蚴逸出后钻进肠黏膜的血管或淋巴管内并随血流到猪体的靶器官（横纹肌）后，逐渐发育形成囊尾蚴。2个月后囊尾蚴成熟，对人具有感染力。

3. 流行病学

本病呈全球性分布，特别是在非洲、亚洲和拉丁美洲较多见。在我国的东北、华北、西北以及云南和广西的部分地区多发。本病是猪和人之间的循环感染的一种人畜共患病，它的发生与人的粪便管理不良以及猪的饲养管理粗放有密切相关。人感染猪带绦虫的原因是人的饮食卫生习惯不好以及猪肉没有煮熟或生吃猪肉。本病无明显的季节性和日龄限制。

4. 临床症状

猪囊尾蚴对猪的危害性一般不明显，重度感染时可导致猪营养不良、贫血、水肿、衰竭等症状。但大量寄生于猪脑部时，可导致猪产生脑神经症状（如癫痫、失眠等）。当肌肉严重感染时，可见肩胛肌肉严重水肿，走路僵硬。当寄生在猪舌头时可见舌头长疙瘩。

5. 病理变化

肌肉水肿隆起，切面可见许多水疱（图 3-108），在水疱中还可见一些白点。去水疱后，病变肌肉出现许多空洞（图 3-109）。

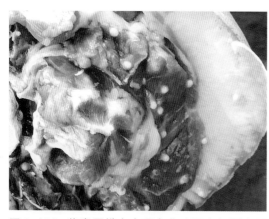

图 3-108　猪囊尾蚴病病理变化（肌肉切面大量水疱）

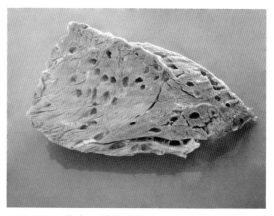

图 3-109　猪囊尾蚴病病理变化（去水疱后肌肉出现空洞）

6. 诊断

本病的生前诊断比较困难，往往通过剖检尸体在肌肉中检出大量小水疱才作出诊断。近年来，血清学免疫诊断方法（如酶联免疫吸附试验、间接血凝试验等）被广泛应用于本病的普查和诊断。

7. 防治

在预防上，要加强人用厕所的管理，不能随地大便；养猪实行集约化圈养，不要放牧，防止猪接触到人的粪便。由于本病是人畜共患病，要注意个人卫生，不吃生的或未煮熟的猪肉，并加强猪肉的定点屠宰和集中检疫。由于本病在发病前无明显症状，不易诊断，所以在猪场可定期使用广谱抗蠕虫药（如阿苯达唑）进行驱虫，以防止本病的发生。

本病的治疗可选用吡喹酮（按每日每千克体重 30~60 毫克，连用 3 天）或阿苯达唑（按每日每千克体重 30 毫克，连用 3 天），均有较好的治疗效果。

（十九）猪细颈囊尾蚴病

猪细颈囊尾蚴病是由泡状带绦虫的中绦期寄生于内脏器官表面引起的一种猪带绦虫蚴病。其成虫是寄生于犬、狼、狐狸等动物小肠内的泡状带绦虫。

1. 虫体形态

细颈囊尾蚴呈囊泡状（图 3-110），囊内充满透明液体，大小不一，小的如豌豆大小，大的如鸡蛋大小。在其一端的延伸处有一白结，即为头节。头节上有两行小钩，囊颈细而长。泡状带绦虫的成虫为乳白色或带黄色，体长可达 5 米，头节上有顶突和 26~46 个小钩。虫卵为卵圆形，内含六钩蚴，大小为（36~39) 微米 ×（31~35) 微米。

图 3-110　细颈囊尾蚴虫体形态

2. 生活史

泡状带绦虫的成虫寄生于犬、狼、狐狸的小肠内，其成熟孕节片随粪便排出体外，虫卵被猪吞食（通过饮水或受污染的饲料），在猪消化道内逸出六钩蚴。六钩蚴经肠壁血管流到肝脏或腹腔其他器官表面形成细颈囊尾蚴，猪可长期带虫。当犬等动物吞食了含细颈囊尾蚴的动物内脏器官后即被感染并可进一步发育为成虫。

3. 流行病学

细颈囊尾蚴在猪、牛、羊等动物均可寄生，本病的发生与猪等动物直接或间接接触到犬的粪便有关，特别是散养猪或猪场卫生条件差且犬猪混养的猪更易感染本病病原。本病无明显的季节性和日龄限制。

4. 临床症状

猪感染细颈囊尾蚴后一般不表现明显的临床症状，对生长发育也无明显的影响。

5. 病理变化

在猪的肝脏表面、肠系膜以及其他内脏器官表面出现 1 个或多个大小不等较透明的囊泡（图 3-111、图 3-112），严重感染时可导致肝脏硬化、黄染等病变。

图 3-111　猪细颈囊尾蚴病病理变化（肝脏表面囊泡）

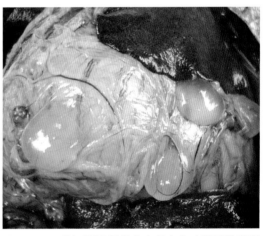

图 3-112　猪细颈囊尾蚴病病理变化（肠系膜表面囊泡）

6. 诊断

本病的生前诊断比较困难，可使用血清学（如酶联免疫吸附试验、间接血凝试验等）进行普查和诊断。一般情况下，本病的确诊是通过死亡剖检，在内脏器官表面发现细颈囊尾蚴而作出。在肝脏发现水疱时还要与猪棘球蚴病区别诊断：细颈囊尾蚴的水疱薄而且透明，只有 1 个头节，而棘球蚴囊壁不透明。

7. 防治

预防上要改变饲养方式，少散养，提倡集约化、规模化、标准化饲养。同时在猪场少养犬，避免猪只接触到泡状带绦虫的虫卵。

本病无良好的药物治疗，平时可定期采用伊维菌素对全部猪只进行驱虫处理。发生本病的内脏器官要采取无害化处理。

（二十）猪棘球蚴病

猪棘球蚴病又称猪包虫病，是由细粒棘球绦虫等棘球绦虫的中绦期寄生在肝脏、肺脏和其他器官引起的一种猪绦虫蚴病。本病是一种极其重要的人畜共患病。

1. 虫体形态

棘球蚴为囊状结构，形状近球形，小的直径只有黄豆大小，一般大小为5~10厘米，囊内含囊液。壁外层为角质层，内层为生发层，其中生发层可向内长出许多原头蚴，有的原头蚴又可长出生发囊，生发囊再长出原头蚴。棘球绦虫的成虫寄生于犬、狼、狐、豹的小肠内，长度2~6毫米，由1个头节和3~4个节片组成。头节有4个吸盘和1个顶突。成熟孕节片中有1组生殖器官。虫卵大小为（32~36）微米×（25~30）微米。

2. 生活史

犬等动物体内的成熟棘球绦虫孕节片随粪便排到外界，污染了水源和草地，粪便中的虫卵被猪、羊等中间宿主吞食后，六钩蚴在肠道内逸出，通过血液循环到中间宿主的全身各部位并发育成棘球蚴。犬等动物吃到生的或未煮熟的羊肉、猪肉或内脏而感染，并在其体内发育成棘球绦虫成虫。

3. 流行病学

绵羊、山羊、黄牛、水牛、牦牛、骆驼、猪、马等动物以及人均可感染棘球蚴。其成虫主要感染犬、狼、狐等食肉动物。在广大牧区，本病的感染率较高，无明显的季节和日龄限制。传播方式主要通过犬等动物粪便污染水源和牧草而导致牛、羊、猪感染。

4. 临床症状

猪棘球蚴病一般无特征性症状，主要表现为消瘦、精神沉郁、贫血。在各种动物中以绵羊较敏感，死亡率也较高。各种动物均可因棘球蚴的囊泡破裂而产生严重的过敏反应，导致突然死亡。

5. 病理变化

剖检可见内脏器官（如肝脏和肺脏），出现1个或多个大小不等的囊泡（图3-113、图3-114），切开囊泡可见大量囊液以及一些棘球砂。

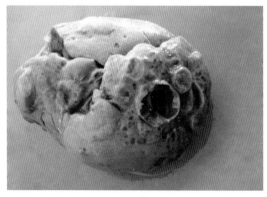 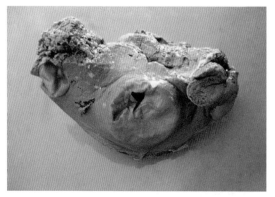

图3-113　猪棘球蚴病病理变化（肝脏多个小囊泡）　图3-114　猪棘球蚴病病理变化（肝脏多个大囊泡）

6. 诊断

猪棘球蚴病的生前诊断比较困难，只有通过死后剖检发现肝脏、肺脏等出现1个或多个囊泡，且囊壁比较厚而确诊。此外，还可以采用血清学检查方法（如酶联免疫吸附试验、间接血凝试验等）进行普查和诊断。

7. 防治

对牧场上饲养的各类犬进行定期驱虫，同时要尽可能对牧区内的狼、狐狸等食肉动物进行扑杀，不用未经无害化处理的病畜脏器饲喂犬，防止犬类的粪便污染牧区的水源、饲料和牧草。人与犬类动物接触时要做好个人防护工作。

本病的治疗可选用吡喹酮或阿苯达唑等药物，具体剂量参见猪囊尾蚴病防治方法。

（二十一）猪弓形虫病

猪弓形虫病是由龚地弓形虫寄生引起的一种人畜共患寄生虫病。

1. 虫体形态

龚地弓形虫不同发育阶段有不同的形态，包括速殖子、包囊、缓殖子、卵囊、裂殖体、裂殖子等。

速殖子：呈弓形、月牙形或香蕉形（图3-115），大小为（4~7）微米×（2~4）微米。经姬姆萨染色，胞浆呈淡蓝色，核为深蓝色。多数存在细胞内，也有游离于组织液和胸水、腹水中。有时在有核细胞内可见许多速殖子簇集在一个囊内形成"假囊"现象。

包囊：呈卵圆形，直径为50~60微米，有较厚的囊膜，囊内有大量月牙形的慢殖子（图3-116）。包囊多见于慢性病例的脑、骨骼肌、心肌、视网膜等处。

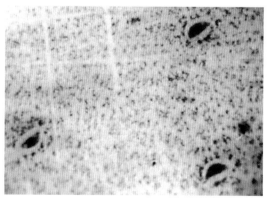
图3-115　龚地弓形虫速殖子形态（李祥瑞）

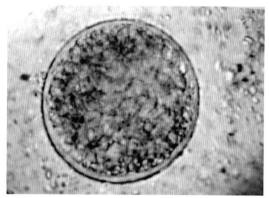
图3-116　龚地弓形虫包囊形态（李祥瑞）

卵囊：呈椭圆形，大小为(11~14)微米×(7~11)微米，孢子化后卵囊内含2个孢子囊，每个孢子囊内又有4个子孢子。只存在于猫科动物的粪便中。

裂殖体：成熟的裂殖体呈圆形，直径为12~15微米，内含4~20个裂殖子。主要存在于猫科动物的肠道上皮细胞。

裂殖子：呈月牙状，前端尖，后端钝圆，核呈卵圆形，常位于后端，大小为(7~10)微米×(2.5~3.5)微米。存在于猫科动物的肠道上皮细胞。

2. 生活史

龚地弓形虫在猫科动物体内可独立完成整个生活史。猫吞食了龚地弓形虫的感染性卵囊或含缓殖子的包囊后，卵囊内的子孢子和缓殖子进入猫小肠上皮细胞和有关细胞进行分裂生殖产生裂殖体和裂殖子，裂殖子进一步发育为配子体，最后再形成合子和卵囊。卵囊随猫粪排到外界，在适宜条件下经 2~4 天可发育为感染性卵囊，中间宿主（如猪、犬、鼠、人等）吞食了孢子化卵囊、速殖子、缓殖子或包囊而感染发病，但在中间宿主内不能完成整个生活史，只有猫再次捕食了老鼠或其他含有龚地弓形虫包囊的动物时才能完成整个发育史。

3. 流行病学

龚地弓形虫是一种多宿主原虫，中间宿主种类繁多。可感染多种动物并引起发病，猪发病多见于 3~4 月龄，死亡率较高。受病畜、带虫动物的脏器及其分泌物、粪、尿，猫粪污染的饲料和饮水，都成为主要的传染源。猪主要是吃了被卵囊或带虫动物的肉、内脏等污染的饲料和饮水，经消化道感染。此外，速殖子也可能通过口、鼻、咽、呼吸道黏膜及受损的皮肤而进入猪体内。母猪还通过胎盘感染胎儿。

本病无明显的季节性，但以夏、秋炎热季节多发。从终末宿主（猫）排出的卵囊在外界可存活 100~550 天。一般消毒药对其无作用。速殖子的抵抗力弱，在生理盐水中几小时就丧失感染力，各种消毒药均能将其迅速杀死。

4. 临床症状

本病多发于 5~10 月份。各种日龄猪均可发病，但以 3~5 月龄的仔猪发病较严重。我国许多猪场均有本病病原的隐性感染。病猪主要表现为体温升高到 40~42℃，稽留热，精神沉郁，拒食或减食，呼吸困难，咳嗽。耳朵、腹部、四肢末端皮肤发绀或出现紫红色出血斑（图 3-117）。怀孕母猪可流产、产死胎，以及易继发子宫内膜炎或不孕症。

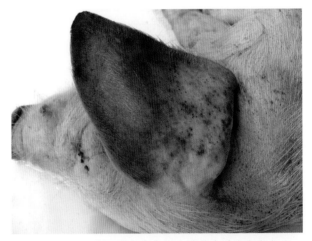

图 3-117　猪弓形虫病症状（耳朵皮肤出血斑）

5. 病理变化

肺脏肿大，呈暗红色，间质增宽（图 3-118），其内充满半透明胶冻样渗出物。脾脏肿大明显，呈棕红色或黑褐色（图 3-119），表面有突起的出血点或坏死灶。肝脏也略肿大，有时在肝脏表面也可见灰白色的坏死灶。胸水和腹水增多（图 3-120）。肾脏有弥漫性淤血和出血点（图 3-121）。全身淋巴结肿大，切面可见有小坏死灶（图 3-122）。

6. 诊断

根据临床症状和病理变化可作出初步诊断。可取病死猪肺脏组织、淋巴结、脾脏或胸腹腔渗出液进行涂片镜检或染色镜检，查到半月形或香蕉状的龚地弓形虫的速殖子（图 3-123），即可确诊。抽取血液或取组织病料进行聚合酶链式反应试验，也可予以确诊。此外，还可抽血进行间接血凝试验，看看有无龚地弓形虫的抗体，若有则表明该猪场以前感染过或目

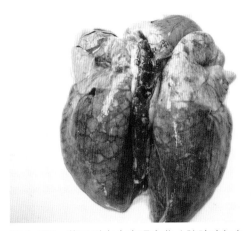

图 3-118 猪弓形虫病病理变化（肺脏暗红色，间质增宽）

图 3-119 猪弓形虫病病理变化（脾脏肿大，呈棕红色或黑褐色）

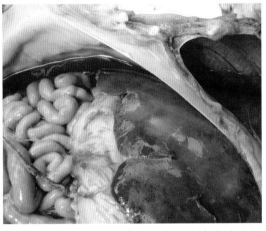

图 3-120 猪弓形虫病病理变化（胸水和腹水增多）

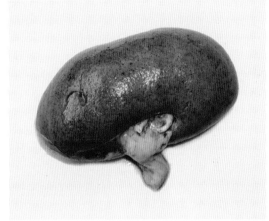

图 3-121 猪弓形虫病病理变化（肾脏弥漫性出血点）

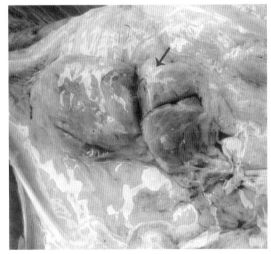

图 3-122 猪弓形虫病病理变化（淋巴结切面小坏死灶）

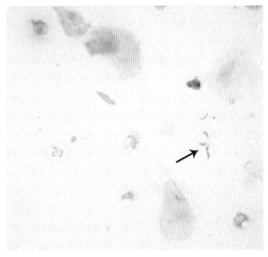

图 3-123 组织液中的速殖子形态

前正感染本病病原，这对诊断本病也有参考意义。

7. 防治

（1）猪场禁止养猫，也要防止野猫进出猪场。平时做好灭鼠工作，老鼠少了，猫自然也就少了。

（2）药物防治。主要采用磺胺类药物，如每 1000 千克饲料添加磺胺间甲氧嘧啶 100~300 克、甲氧苄啶 20~50 克，连续用药 3~4 天，这对预防和治疗都有效果。对于个别严重不吃料的病猪，还要肌内注射磺胺类注射液，每天 2 次，连用 3 天。

四、猪内外科杂症

（一）猪普通感冒

猪普通感冒是由于天气转变或内环境改变引起的一种猪内科性疾病。

1.病因

天气突然变冷、猪舍保温不良、猪栏不恰当地冲水降温或冲水做卫生等原因，均可造成猪只的感冒。猪只隐性存在某些传染病（如猪支原体肺炎、副猪嗜血杆菌病等）时更容易出现感冒现象。

2.临床症状

病猪体温上升到40℃~42℃，精神沉郁，喜卧，怕冷打堆（图4-1），皮肤毛孔竖起（图4-2），关节疼痛，食欲减退或废绝。病猪畏光流泪，呼吸困难，流鼻水（图4-3），打喷嚏，并有不同程度咳嗽。粪干，尿黄。猪群中只有少数或部分猪发病。若没有继发其他疾病或混合感染其他疾病病原，经治疗后很快恢复正常，病程2~3天。

3.病理变化

病猪眼结膜潮红，剖检可见上呼吸道黏膜充血、出血，呼吸道内充满粉红色泡沫，严重时可见肺炎病变。其他器官无明显病变。

4.诊断

根据病因、临床症状、病程可作出诊断。在临床上须与猪流行性感冒、猪支原体肺炎、副猪嗜血杆菌病、猪传染性胸膜肺炎等鉴别诊断。

图4-1　猪普通感冒症状（仔猪怕冷打堆）

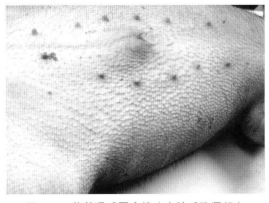

图4-2　猪普通感冒症状（皮肤毛孔竖起）

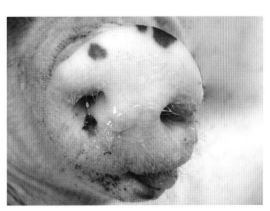

图4-3　猪普通感冒症状（流鼻水）

5. 防治

在平时饲养管理过程中，既要做到日夜温差相对稳定，又要做好通风换气工作。平时用水冲猪栏时，尽量不要把水冲到猪身上。遇到冷空气来临时，要做好猪舍保温工作。

在群体发病时，可考虑选用盐酸多西环素、磷酸替米考星、延胡索酸泰妙菌素、阿莫西林等药物进行群体给药，连用3天。对个别病猪可采用肌内注射青霉素和硫酸链霉素配合复方氨基比林注射液进行治疗。如果治疗效果不理想，还可选用阿莫西林或头孢噻呋钠配合复方氨基比林注射液进行治疗。

（二）猪普通胃肠炎

猪普通胃肠炎是除了传染性病因外，所有导致猪只出现肠炎腹泻症状的一类疾病的总称。

1. 病因

除传染性病因之外的许多饲养管理不良因素均可导致猪普通胃肠炎。其中常见的病因有饲料霉变、脂变、配方不良，饮水不卫生，保温不良或环境温差大，饲料变化过于频繁、喂料量增加过快，转群过于频繁等。

2. 临床症状

猪群中大部分或少部分猪只腹泻，有的拉黄色水样稀粪（图4-4），有的拉黑褐色糊状稀粪，也有拉黄色未消化的稀粪。猪只吃食正常或少食，喝水量增加，精神委顿，眼球凹陷（图4-5）。个别猪只未出现腹泻症状就死亡在猪栏内。

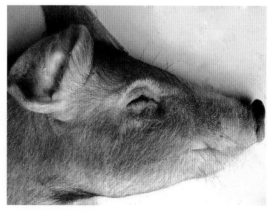

图4-4　猪普通胃肠炎症状（拉黄色水样稀粪）　　　图4-5　猪普通胃肠炎症状（眼球凹陷）

3. 病理变化

病死猪胃内容物充盈，胃黏膜有轻度出血（图4-6），小肠肿大，充满黄色或粉红色水样液体（图4-7），肠内黏膜充血、出血（图4-8）。有些盲肠和结肠肿大明显，充满水样液体，但个别急性死亡病例在盲肠和结肠内见不到肿大病变。其他内脏器官病变不明显。

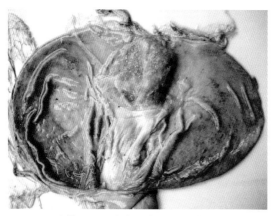

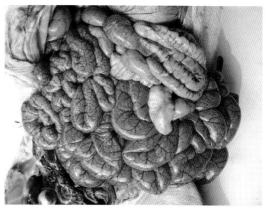

图 4-6　猪普通胃肠炎病理变化（胃黏膜轻度出血）　　图 4-7　猪普通胃肠炎病理变化（小肠肿大，充满黄色或粉红色液体）

4. 诊断

根据病因、临床症状、病理变化可作出诊断。本病在临床上须与猪传染性胃肠炎、猪流行性腹泻、猪轮状病毒病等传染性腹泻疾病鉴别诊断。

5. 防治

加强猪场的饲养管理，杜绝使用霉变饲料，饲料配方改变要逐步过渡，饲喂定时定量，此外，要做到猪舍的内外环境相对稳定，减少各种不良应激。

发生腹泻时，要及时查找病因，加强饲养管理，减少饲料采食量。群体发生腹泻

图 4-8　猪普通胃肠炎病理变化（小肠黏膜充血、出血）

时，可在饲料或饮水中添加硫酸新霉素或硫酸黏菌素或土霉素等抗生素，也可以选择使用磺胺二甲氧嘧啶等磺胺类药物。必要时可配合使用思密达或活性炭等药物。个别严重病猪可肌内注射盐酸恩诺沙星、乙酰甲喹等药物。此外，可在饮水中添加补液盐缓解脱水症状。

（三）猪胃溃疡

猪胃溃疡是猪胃黏膜局部组织出现不同程度的糜烂和坏死的一种内科病。

1. 病因

本病的病因比较复杂，除了与饲养管理不良（如缺乏粗纤维、饲料颗粒过细、饲料霉变、滥用药物、饲料营养搭配不合理以及各种应激）有直接影响外，许多疾病（如猪螺旋菌病、猪圆环病毒病、猪繁殖与呼吸综合征、猪普通胃肠炎等）与本病有一定关系。

2. 临床症状

本病可发生于各种年龄猪，但以中大猪和母猪多见。当症状轻微时，常表现一般性的

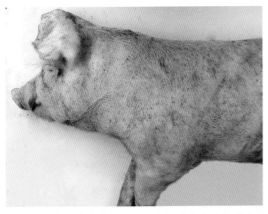

图 4-9　猪胃溃疡症状（胃出血导致全身皮肤苍白）

图 4-10　猪胃溃疡症状（排出黑色焦油状血便）

消化不良和厌食、呕吐症状。严重时表现为精神沉郁，食欲废绝，磨牙或吐血。全身皮肤和可视黏膜苍白（图 4-9），排出黑色焦油状血便（图 4-10），常出现突然死亡。当胃溃疡发展到胃穿孔时，导致胃内食糜漏到腹腔，病猪腹围增大（图 4-11），不久死亡。

3. 病理变化

猪胃溃疡的病灶多出现在胃贲门部（食管区），有时也出现在幽门部或其他部位。病初可见胃黏膜起褶皱，变得粗糙，并出现

图 4-11　猪胃溃疡症状（腹围增大）

浅表性胃溃疡（图 4-12），进而形成糜烂（图 4-13）、严重溃疡（图 4-14）或穿孔（图 4-15），有时胃出血（图 4-16）。胃溃疡导致内出血死亡的猪，在胃和肠内充满血凝块（图 4-17、图 4-18），后段肠管呈黑色（图 4-19）。胃溃疡导致的胃穿孔死亡猪，还可见到严重的腹膜炎病变，胃壁上有破裂小孔（图 4-20），在腹腔中遗留着各种各样的食糜（图 4-21）。

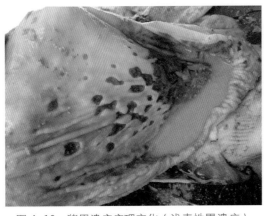

图 4-12　猪胃溃疡病理变化（浅表性胃溃疡）

图 4-13　猪胃溃疡病理变化（胃黏膜糜烂）

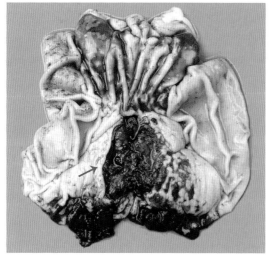

图 4-14　猪胃溃疡病理变化（胃黏膜严重溃疡）

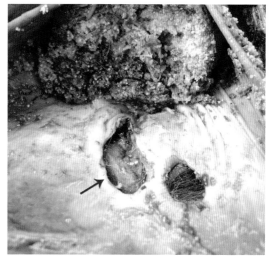

图 4-15　猪胃溃疡病理变化（胃壁穿孔）

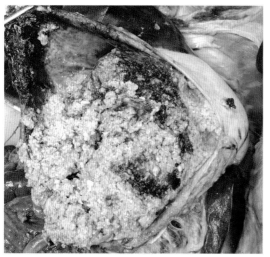

图 4-16　猪胃溃疡病理变化（轻度胃出血）

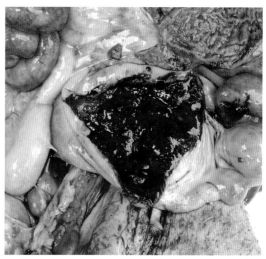

图 4-17　猪胃溃疡病理变化（胃内充满血凝块）

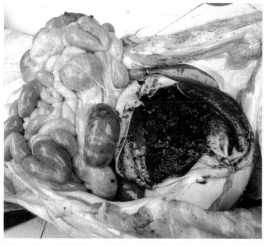

图 4-18　猪胃溃疡病理变化（胃和肠内充满血凝块）

图 4-19　猪胃溃疡病理变化（后段肠管呈黑色）

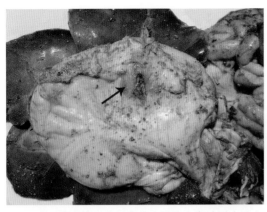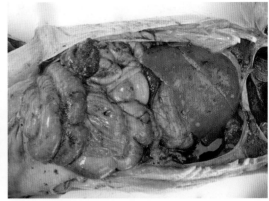

图4-20　猪胃溃疡病理变化（胃壁上有破裂小孔）　　图4-21　猪胃溃疡病理变化（腹腔中遗留各种食糜）

4. 诊断

从临床症状、病理变化基本上可作出诊断。在临床上还要与猪痢疾、猪增生性肠炎、仔猪副伤寒鉴别诊断。

5. 防治

在平时饲养管理过程中，要多喂粗纤维饲料，提高破碎后玉米颗粒的大小，尽量减少各种不良应激。杜绝饲料霉变，不可滥用药物。

当发现病猪呕吐、皮肤苍白、拉黑色血便时，要立即隔离治疗，及时注射酚磺乙胺等止血针剂以及消炎止痛针剂。必要时还要结合输液和其他对症治疗。猪胃溃疡严重的病例，治疗效果差。

（四）猪肠变位

猪肠变位是猪小肠出现肠套叠、小肠和盲肠出现肠扭转以及小肠出现肠嵌闭等一类内科病。

1. 病因

仔猪长时间处于饥饿状态时，肠管处于迟缓和空虚状态，当突然喂以大量饲料时，食物由胃迅速进入小肠前段，小肠急剧蠕动而导致肠套叠；或由于某些原因（如中毒、急性胃肠炎）导致小肠蠕动异常，结果也易导致肠套叠。肠扭转的主要病因是猪体位置突然发生改变，导致空肠和盲肠发生扭转，如小猪吃饱后突然跳跃或翻转，或吃酸败、冷冻饲料而刺激前段小肠蠕动异常，而后段肠管处于松弛并充满内容物状态，此时易导致肠管体位改变。肠嵌闭主要是猪出现疝气后没有及时整复而造成的（详见猪疝气）。

2. 临床症状

病猪表现为发病突然、腹痛剧烈、起卧不安或翻滚鸣叫、四肢滑动、尾巴不断地摇摆、拱背、呻吟不止、心跳和呼吸加快、眼结膜潮红，若病因是腹泻或中毒还有呕吐和腹泻症状。触诊腹部有明显的压痛感。若不及时处理，预后不良，多出现死亡。

3. 病理变化

肠套叠主要发生在小肠，剖检可见套叠肠段如香肠状（图4-22），前段内容物充盈，后段内容物胀气空虚（图4-23）。病程稍长可见局部充血、出血，甚至坏死（图4-24）。肠扭转可发生在小肠和盲肠，可见局部肠管打结，前段肠管内容物充盈，扭转局部及后段肠管出血而变暗红，严重的局部坏死（图4-25）。

图4-22　猪肠变位病理变化（肠套叠肠段）　　图4-23　猪肠变位病理变化（肠套叠后段肠胀气空虚）

图4-24　猪肠变位病理变化（小肠局部出血坏死）　　图4-25　猪肠变位病理变化（肠扭转导致局部出血坏死）

4. 诊断

根据病史及临床症状可作出初步诊断。通过剖检或腹腔探查，确定是肠套叠还是肠扭转，以及发生肠段，从而确诊。

5. 防治

加强饲养管理，减少各种应激，防范各种肠炎。

本病一般要采取手术整复治疗。对于早期轻度肠套叠和肠扭转，经整复后可痊愈；对于晚期重度肠套叠或肠扭转则治疗效果差，多预后不良。在治疗过程中，可配合注射硫酸阿托品或氢溴酸东莨菪碱，缓解肠蠕动，此外还要采取减压、补液、强心、镇痛等措施。

（五）仔猪先天性震颤

仔猪先天性震颤又称"抖抖病"，是指仔猪出生后几天内全身肌肉出现一种不自主颤抖的综合性疾病。

1.病因

本病的确切病因目前尚未明了，有的学者认为与猪瘟病毒、猪圆环病毒、猪肠病毒或猪伪狂犬病毒有关，有的学者认为与营养不足造成先天性发育不良有关，还有学者认为与公母猪的遗传缺陷有关。

2.临床症状

仔猪出生数小时或数天后，骨骼肌群出现有节律性地震颤，严重的无法站立，卧地不起(卧地后震颤减轻或停止)(图4-26)。有的仔猪头部、颈部也出现震颤，无法吸奶，最终衰竭而死。有的仔猪后躯震颤厉害，不停抖动。仔猪的体温、脉搏、呼吸均无异常。

图4-26　仔猪先天性震颤症状（仔猪肌肉震颤，卧地不起）

本病无明显的传染性，一般仅发生在某些窝的部分仔猪，有时全窝发生。发生本病后，若能吸吮到母乳，那么10多天后逐渐恢复正常。若不能吸吮母乳则预后不良，往往被饿死或被母猪压死。

3.病理变化

无明显的肉眼病变。

4.诊断

本病主要依据临床症状进行诊断。

5.防治

在管理上，猪场出现本病后要认真分析原因，看看有没有做好猪瘟、猪伪狂犬病的疫苗免疫，看看所用公猪有无遗传性疾病，看看母猪怀孕期间的营养搭配是否合理，以及怀孕期间是否使用过违禁药物等。找到原因后再采取相应的防范措施。

发病后要加强仔猪的管理，特别是要耐心地喂奶，防止仔猪被母猪压伤或压死，治疗上无特效药物。若仔猪会吸奶，到10日龄后会逐渐康复。

（六）仔猪低血糖症

仔猪低血糖症是仔猪出生后几天内即出现低血糖的一种营养代谢病。

1.病因

仔猪低血糖症的发生，一方面与先天性衰弱、活力差、不能吸吮母乳有关，另一方面与母猪在分娩前后发生无乳综合征或其他疾病而造成泌乳障碍、泌乳量不足以及母猪产仔数太多等也有关系。

2. 临床症状

病猪精神沉郁，软脚无力或倒地不起（图4-27、图4-28），不愿吸吮初乳，体温下降，最终处于昏迷状态而衰竭死亡。发病率可高达25%。

图 4-27　仔猪低血糖症症状（仔猪精神沉郁）　　　图 4-28　仔猪低血糖症症状（仔猪软脚或卧地不起）

3. 病理变化

仔猪脱水，胃肠内容物空虚，肾脏和输尿管有白色尿酸盐沉积。

4. 诊断

根据临床症状、病理变化可作出初步诊断。必要时可测定仔猪血糖含量，从而确诊。正常时血糖浓度为5~6毫摩尔/升，发病时可下降到1.6毫摩尔/升以下。下降到1.1毫摩尔/升以下时可发生痉挛现象。

5. 防治

加强母猪的饲养管理，使之在产仔后有充足的乳汁。若乳汁不够可考虑寄养或喂人工乳。产仔数太多时可考虑淘汰一些弱仔猪。

发病时可用5%~10%葡萄糖溶液15~20毫升进行腹腔注射，每4~6小时注射1次，直至能自动吸乳时为止。也可以口腔灌服20%糖水，每次10~20毫升，每2~3小时1次，连喂3~5天。此外，还要做好仔猪的保温工作。

（七）猪钙缺乏症

猪钙缺乏症是猪体缺钙的一种营养代谢病。

1. 病因

由于母猪饲养管理不良，导致奶水中钙含量不够，哺乳仔猪容易缺钙。或由于肉猪的饲料中钙、磷比例严重失调，而导致缺钙。此外，当饲料中维生素A或胡萝卜素含量太多时，也可干扰和阻碍维生素D的吸收，从而造成钙缺失。

2.临床症状

仔猪缺钙后表现为衰弱无力，食欲减少，精神不振，不愿站立和运动（图4-29），并出现异嗜癖。随着病情发展，关节逐渐肿胀，触之疼痛敏感。仔猪常表现弯腕站立或以腕关节爬行，后肢以跗关节着地。此外，肌肉兴奋性增强，触之较敏感，严重时可出现抽搐现象。

3.病理变化

主要病理变化为关节肿大、骨质疏松易折断，有时肋骨变形并呈串珠状（图4-30）。

4.诊断

通过血钙化验，看血钙含量是否显著降低，再结合临床症状即可作出诊断。

5.防治

加强母猪饲养管理，保证日粮中的钙、磷和多种维生素含量达到相应饲养标准。在产前1个月左右可肌内注射长效的维生素AD$_3$E注射液进行预防。

病猪可肌内注射维丁胶性钙注射液（按每千克体重0.2毫克），隔日1次，也有一定治疗效果。

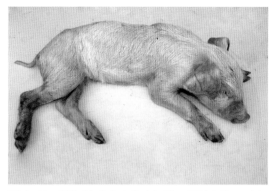

图4-29　猪钙缺乏症症状（仔猪不愿站立和运动）

图4-30　猪钙缺乏症病理变化（肋骨变形并呈串珠状）

（八）猪缺铁性贫血

猪缺铁性贫血是猪体缺乏铁元素的一种营养代谢病。

1.病因

原发性铁缺乏症多发生于新生仔猪，主要由于初生仔猪的体内铁贮存较少，母乳中铁含量也很少，而又没有额外补充铁制剂；继发性铁缺乏症多为某些出血性或溶血性疾病以及某些胃肠寄生虫病并发症。

2.临床症状

本病多发生于15~30日龄的哺乳仔猪。主要表现为精神沉郁，食欲减退，离群伏卧，被毛粗乱，体温正常，可视黏膜和皮肤苍白（图4-31）。稍微活动后就表现心悸亢进、

图4-31　猪缺铁性贫血症状（仔猪可视黏膜和皮肤苍白）

喘息不止。有时在奔跑中突然死亡。有的病猪交替出现下痢、便秘现象。

3. 病理变化

皮肤和可视黏膜苍白，有时轻度黄染。血液稀薄不易凝固，肌肉色淡，心脏扩张，肺脏水肿。病程较长的病猪多消瘦。

4. 诊断

根据临床症状和病理变化可作出初步诊断。必要时可采血进行红细胞计数和血红蛋白测定（每百毫升血液中血红蛋白可降到3~4克）。

5. 防治

在预防上，产前、产后母猪饲料中要多加些氨基酸螯合铁（如苏氨酸铁），仔猪出生后第2天、第10天和断奶时各注射1次补铁针（如牲血素），对预防本病有良好效果。

本病的治疗也是通过肌内注射铁制剂（如右旋糖酐铁注射液、葡萄糖铁钴注射液、山梨醇铁注射液等），也可以通过内服补充铁制剂（硫酸亚铁、焦磷酸铁、乳酸铁等），来达到补充铁元素的目的。

（九）猪锌缺乏症

猪锌缺乏症是猪体缺乏锌元素的一种营养代谢病。

1. 病因

原发性锌缺乏是由于饲料中锌含量不足；条件性锌缺乏是由于饲料中存在干扰锌吸收的因素（如钙、磷、镉、铁、铜、铬、锰、钼、碘等偏多）；继发性锌缺乏是由于猪患有慢性消耗性疾病（如慢性腹泻），影响肠道对锌的吸收。

2. 临床症状

病猪生长发育缓慢，体况消瘦，食欲减退，消化不良。皮肤出现角质化现象，初期皮肤呈现出血斑、丘疹，以后互相融合，导致皮肤粗糙和外被鳞屑（图4-32）。

图4-32 猪锌缺乏症症状（皮肤粗糙，外被鳞屑）

中后期皮肤出现粗糙、皱缩、硬结和龟裂现象。被毛无光泽，常表现脱毛。骨骼发育异常，有的猪蹄壳变形或开裂。公猪的性欲减退，睾丸萎缩。母猪的受胎率、产仔性能均受到影响。

3. 病理变化

除了皮肤增厚、变硬外无其他特征性病变。

4. 诊断

根据临床症状、病理变化可作出初步诊断。必要时可抽血化验血清中锌浓度以及饲料中锌含量，从而确诊。

5. 防治

在饲料中适量添加硫酸锌或碳酸锌，连用 3~5 周，可使皮肤逐渐恢复正常。此外，也可肌内注射碳酸锌或皮肤外涂 10% 的氧化锌软膏，也有一定效果。

（十）猪硒缺乏症

猪硒缺乏症是由于饲料和饮水中硒供给不足或缺乏而导致猪出现多种器官组织膜变性和细胞坏死的一种营养代谢病。

1. 病因

主要病因是饲料中硒含量不足或缺乏；饲料加工调制方法不当，长期储存，饲料霉变，不饱和脂肪酸过多，可使维生素 E 被破坏，易诱发硒缺乏；环境污染时，特别是环境中镉、汞、钼、铜等金属对硒的吸收也有拮抗作用。

2. 临床症状

猪硒缺乏症在临床上有如下多种表现形式：

（1）肌营养不良。多见于仔猪或断奶后保育猪，急性型多见于生长快速、发育良好的仔猪，可出现无任何先兆症状而突然死亡；亚急性型表现为心跳加快，后躯摇晃，运动障碍；慢性型表现为站立困难，常前肢下跪，继而四肢麻痹。

（2）肝营养不良。多发生于 3 周龄至 4 个月龄仔猪或育成猪，主要表现为突然死亡，死前还出现呕吐、腹泻、运动障碍，抽搐等症状。

（3）桑葚心。仔猪突然抽搐死亡，可视黏膜发绀，皮肤可见形态和大小不一的紫红斑点。

（4）成年猪硒缺乏。一般病程长，多为慢性经过，表现为繁殖功能障碍（如母猪屡配不孕，怀孕母猪流产或死胎等）。

3. 病理变化

猪肌营养不良，病理变化是骨骼肌颜色变淡或呈现黄白色条纹（图 4-33），以臀部、股部及背最长肌较为明显；猪肝脏营养不良，病理变化是皮下组织和内脏器官黄染，肝脏呈黑紫色、肿大易碎，有时肝脏形成嵌花式的花肝；猪桑葚心，病理变化是心脏肿大明显，心内外膜有出血，心肌间有黄白色坏死条纹或坏死斑块（图 4-34），心包、胸腔、腹腔积液。

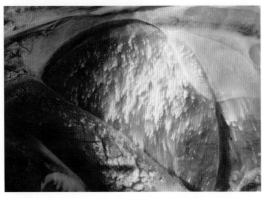

图 4-33　猪硒缺乏症病理变化（骨骼肌黄白色条纹）　图 4-34　猪硒缺乏症病理变化（心肌间黄白色坏死条纹）

4.诊断

通过临床症状及病理变化可作出初步诊断。要确诊需采血或采取器官组织进行硒含量测试。正常猪肝硒含量为每千克猪肝含硒 0.3 毫克；正常猪心脏硒含量为每千克猪心脏含硒 0.164 毫克。

5.防治

在仔猪中发现个别死亡现象时，其他仔猪应全部注射硒制剂和维生素 E 注射液。亚硒酸钠可按每千克体重 0.06 毫克注射，20 天后重复 1 次；同时配合维生素 E 50~100 毫克。母猪可在分娩前 3 周按每千克体重 0.06 毫克注射亚硒酸钠，配合注射维生素 E 300~500 毫克，可有效地预防仔猪硒缺乏症。

（十一）猪黄脂病

猪黄脂病又称"黄膘"，是猪体脂肪组织呈现黄色特征的一种色素沉积性疾病。

1.病因

本病主要与饲料中不饱和脂肪酸含量过高或维生素 E 含量不足有关，如长期饲喂油渣、蚕蛹、鱼粉以及比目鱼和鳓鱼的副产品等。

2.临床症状

病猪被毛粗糙，精神倦怠，皮肤发黄（图4-35），可视黏膜苍白和黄染。食欲不振，生长缓慢，有异嗜癖。有时还有下痢症状，很少死亡。

3.病理变化

皮下脂肪呈黄色（图4-36、图4-37），

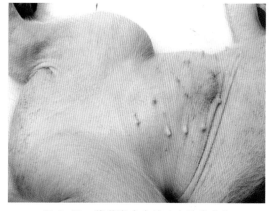

图 4-35　猪黄脂病症状（皮肤发黄）

并带鱼腥臭味。肝脏呈黄褐色，多为脂肪变性，肌肉苍白。

图 4-36　猪黄脂病病理变化（皮下脂肪呈浅黄色）

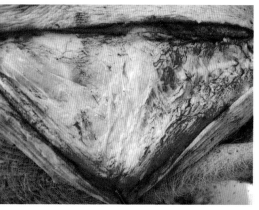

图 4-37　猪黄脂病病理变化（皮下脂肪呈深黄色）

4. 诊断

本病主要依靠病史及病理变化作出诊断。

5. 防治

饲料中含不饱和脂肪酸成分的饲料比例应控制在 10% 以下，同时日粮中要多添加维生素 E 或含维生素 E 丰富的米糠或青饲料。一般无治疗意义。

（十二）猪热射病

猪热射病又称"中暑"，是高温天气导致体温调节功能失调，体内热量过度积蓄而引起高热或急性死亡的一类猪条件性疾病。

1. 病因

本病一般发生在夏天炎热季节。各种日龄猪均可发生，其中以母猪和膘情好的肥猪更容易发生。饲养条件差的猪舍（如猪舍狭小、猪群拥挤、环境闷热、通风不良、饮水不足、猪舍低矮等），更易导致本病的发生。试验表明：在空气相对湿度超过 65%，环境温度超过 35℃时，猪容易出现热射病。在阳光下长时间驱赶猪，或在较密闭的车船内或在炎热天气下长途运输，也易发生猪热射病。

2. 临床症状

病猪主要表现为体温升高到 41~42℃，皮肤发红，有时可见腹部皮肤呈现红白相间的淤血斑（图 4-38），张口呼吸，有时口腔大量流涎或口吐白沫，眼球突出，全身大汗，粪便干燥，尿赤黄，采食量大减。病猪喜欢躺在潮湿的地方或粪尿聚集地。严重时突然倒地，四肢作游泳状划动，若处理不及时常在几个小时死亡。

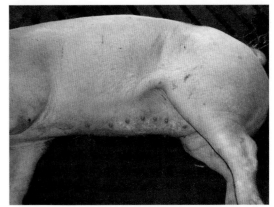

图 4-38　猪热射病症状（腹部皮肤红白相间的淤血斑）

3. 病理变化

无明显的特征性病变。一般可见肺脏充血、水肿，气管和支气管内有带泡沫的分泌物，脑膜充血。有时可见心冠脂肪出血（图 4-39），心脏内有血凝块沉积，血液呈暗红色。

4. 诊断

根据天气闷热、发病死亡速度快等症状，以及相应的病理变化可作出初步诊断。

5. 防治

在炎热的夏、秋季节里，做好防暑降温工作。猪舍要通风（自然通风或电风扇通风），猪舍的房顶和舍内要喷水降温，有条

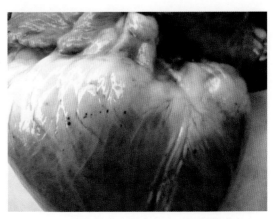

图 4-39　猪热射病病理变化（心冠脂肪出血）

件的可以因地制宜地采用滴水降温、水帘降温或喷雾降温等管理措施。同时要给猪提供充足的饮水，并注意补充电解质、多种维生素（特别是维生素 C 和维生素 E）。有条件的猪场可以提供些瓜菜或清热解暑的中药。

发现病猪时，立即将病猪转移到阴凉通风的地方，用冷水泼洒病猪的头部、颈部以及全身，也可用冷水灌肠降温，或采用耳朵、尾部或四肢蹄冠放血治疗方法。药物治疗，可注射盐酸氯丙嗪注射液或青霉素钠配合复方氨基比林和地塞米松注射液，严重的可考虑静脉注射 5% 葡萄糖生理盐水 200~1000 毫升配合 5% 碳酸氢钠溶液 50~200 毫升。

（十三）猪荨麻疹

猪荨麻疹又称猪过敏反应，是猪接触到一些过敏源后出现不同程度的过敏反应的一种综合性疾病。

1. 病因

猪饲料中存在某些过敏源，或猪注射某些能引起过敏反应的疫苗（如猪瘟疫苗）或药物（如磺胺类药物、青霉素）。此外，在猪舍内外接触到某些过敏源（如花粉、某些消毒剂）也可导致猪过敏反应。

2. 临床症状

症状较轻时，猪皮肤出现过敏性疹块，病猪的耳朵等处或全身皮肤出现丘状红肿（图 4-40、图 4-41），并有瘙痒表现。经一段时间后，症状可自行消失而康复。症状较重时，还表现为全身皮肤发红（图 4-42），呼吸困难，黏膜发绀，大出汗，烦躁不安，心跳加快，肌肉震颤，抽搐，大小便失禁，口吐白沫。若治疗不及时，很快就会导致过敏性休克而死亡。

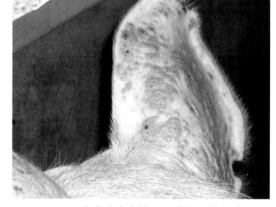

图 4-40　猪荨麻疹症状（耳朵上丘状红肿）

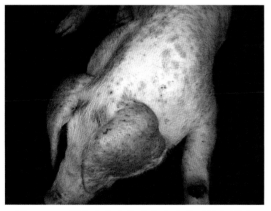

图 4-41　猪荨麻疹症状（全身皮肤丘状红肿）

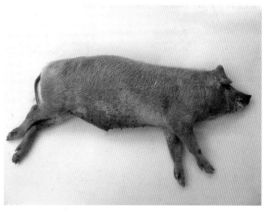

图 4-42　猪荨麻疹症状（全身皮肤发红）

3. 病理变化

一般可见皮肤发红或出现红色疹块。严重病例可见喉头、肺脏水肿（图4-43）以及肝脏、肾脏淤血病变。

4. 诊断

本病可依据病史及临床症状作出初步诊断。

5. 防治

对易导致过敏反应的饲料、疫苗及药品要认真按说明书使用，并由专人负责管理注射全过程。如发现异常情况，要立即停止使用，并立即皮下注射肾上腺素或地塞米松。

图4-43　猪荨麻疹病理变化（肺脏出血水肿）

必要时还要静脉注射10%葡萄糖溶液，并采取相应对症治疗措施。

（十四）猪异嗜癖

猪异嗜癖是营养代谢功能紊乱、行为和味觉异常的一种猪综合征。

1. 病因

可能病因是饲料中缺乏某些矿物质或微量元素，或饲料中缺乏维生素（特别是B族维生素），或饲料中某些蛋白质、氨基酸缺乏，或某些疾病（如佝偻病、骨软症、寄生虫病等）的并发症状，或饲养环境不良（如氨气浓、卫生条件差、饲养密度大、光照太强等）。

2. 临床症状

异嗜癖在临床上表现多种多样，可表现为舔食墙壁，啃食槽、啃砖头、啃破布、啃铁条（图4-44），或咬其他猪的耳朵（图4-45、图4-46），或吸咬腹部尿道口皮肤（图4-47），或咬其他猪只尾巴（图4-48），吃粪便和尿液等。此外，病猪还有食欲下降、生长迟缓、便秘或下痢等症状。病母猪，常引起流产或出现吞食胎衣现象。病小猪常相互打斗，并造成耳朵、尾根出血坏死等。

图4-44　猪异嗜癖症状（啃铁条）

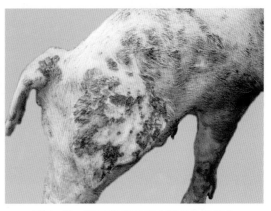

图4-45　猪异嗜癖症状（耳朵被咬伤）

图 4-46　猪异嗜癖症状（耳朵被咬烂）

图 4-47　猪异嗜癖症状（公猪尿道口皮肤被咬破）

3.病理变化

主要病理变化是局部皮肤被咬伤（图4-49）或炎症坏死。

4.诊断

根据临床症状可作出初步诊断。

5.防治

针对咬尾现象较普遍，现在许多自繁自养猪场在仔猪出生后几天就予以断尾，以绝后患。可通过加强饲养管理，降低饲养密度，搞好环境卫生和通风工作来预防本病的发生。

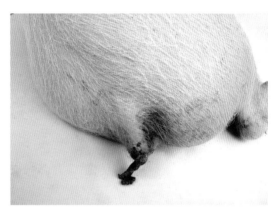

图 4-48　猪异嗜癖症状（尾巴被咬烂）

对已经发生咬尾、咬耳朵等异嗜癖的猪可在饲养栏内扔一些黄泥土、青菜、青草，甚至破旧橡皮轮胎等，让猪只自由咬嚼，这会缓解或减轻异嗜癖的症状。对个别有顽固异嗜癖的猪要及时予以隔离饲养，同时注射盐酸氯丙嗪、硫酸镁等镇静药物。有时采用白酒或汽油稀释后对猪群进行喷洒，对控制咬尾、咬耳朵异嗜癖也有一定效果。对被咬伤的猪只要及时用碘酊或广谱抗生素进行消炎处理。

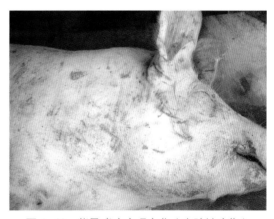

图 4-49　猪异嗜癖病理变化（皮肤被咬伤）

（十五）猪有机磷农药中毒

猪有机磷农药中毒是猪接触到有机磷农药而出现中毒症状的一种中毒性疾病。

1.病因

猪吃了受有机磷农药污染的青绿饲料，或用敌百虫等有机磷农药进行体内外驱虫，均可造成猪有机磷农药中毒。

2. 临床症状

病猪主要表现为口吐白沫，大量流涎（图4-50），骚动不安，不断排粪。严重时病猪眼睛红肿（图4-51），横冲直撞，四肢抽搐，死亡速度快。

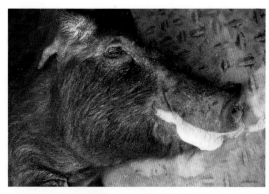

图4-50　猪有机磷农药中毒症状（口吐白沫，大量流涎）　图4-51　猪有机磷农药中毒症状（眼睛红肿）

3. 病理变化

病猪瞳孔缩小，胃肠黏膜脱落和出血（图4-52），心外膜也有出血点，肾脏淤血，肺脏水肿，气管和支气管内有大量泡沫样液体，脑部水肿，充血明显，肝脏肿大，肝脏表面呈淤黑色（图4-53）。

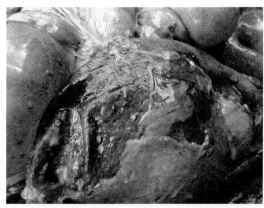

图4-52　猪有机磷农药中毒病理变化（胃黏膜脱落和出血）　图4-53　猪有机磷农药中毒病理变化（肝脏表面呈淤黑色）

4. 诊断

根据病史、临床症状、病理变化可作出初步诊断。必要时可采血进行血胆碱酯酶活力测定，从而确诊。

5. 防治

平时注意避免猪采食到受有机磷农药污染的青绿饲料；用敌百虫等有机磷农药进行体内外驱虫时，注意用量及使用方法。

发现病猪，立即解除中毒来源（如停喂有毒青饲料），同时应用胆碱酯酶复活剂（如碘解磷定）和乙酰胆碱对抗剂（如硫酸阿托品等）进行配合治疗。在用药过程中，要根据猪体大小和中毒程度掌握用药剂量和次数。在治疗过程中特别注意观察瞳孔变化，若瞳孔仍然缩小，那么要增加用药剂量。此外，对危重病例，还应对症采取辅助疗法（如输液、兴奋呼吸中枢等）。

（十六）猪延胡索酸泰妙菌素中毒

猪延胡索酸泰妙菌素中毒是猪采食到大剂量延胡索酸泰妙菌素或将其与严禁配伍药物混用后造成中毒的一种中毒性疾病。

1. 病因

在使用延胡索酸泰妙菌素防治猪支原体肺炎过程中，若超量使用或将其与聚醚类抗球虫药（如盐霉素、马杜霉素、莫能霉素等）合用，就会产生中毒现象。

2. 临床症状

各种日龄猪均可发病，其中多见于保育小猪。在生产实践中可见猪群突然发病，绝大多数猪精神沉郁，软脚无力（图4-54），吃料减少，体温正常，严重时可造成大面积死亡。病程持续1~2天。

3. 病理变化

无明显的肉眼病变，有时可见胃肠道黏膜脱落。

4. 诊断

根据病史及临床症状可作出初步诊断。必要时对饲料和病死猪的肝脏进行延胡索酸泰妙菌素及盐霉素等定性分析诊断。

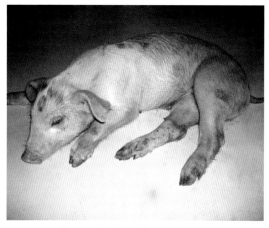

图4-54　猪延胡索酸泰妙菌素中毒症状（软脚无力）

5. 防治

在生产实践中，使用延胡索酸泰妙菌素来防治猪支原体肺炎时使用剂量和使用方法要合乎规定要求，不能将其与盐霉素、莫能霉素等配伍使用，否则易发生中毒现象。

发生本病后可采取如下措施：

（1）停止饲喂原有的饲料而更换为新鲜的饲料，在饮水中加入3%~5%的葡萄糖以及适量电解多种维生素。

（2）有症状病猪要立即注射硫酸阿托品注射液，必要时静脉注射葡萄糖溶液治疗，有一定效果。

（十七）猪食盐中毒

猪食盐中毒是猪采食了过量的食盐而造成中毒的一种中毒性疾病。

1. 病因

猪食入大量含盐量高的饲料（如咸菜、咸鱼、腌菜水、泔水等），或配合饲料中食盐含量过多或搅拌不均匀等原因，均可造成猪食盐中毒。

2. 临床症状

发病初期精神沉郁，继而出现呕吐，兴奋不安，大量流涎（图4-55），肌肉震颤，口渴，腹泻。严重时视觉和听觉障碍，刺激无反应，四肢痉挛，最后倒地出现划水样症状（图4-56），继而昏迷死亡。

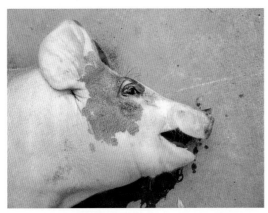
图4-55 猪食盐中毒症状（大量流涎）

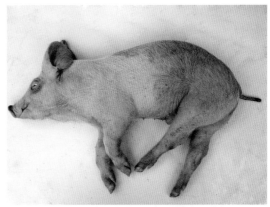
图4-56 猪食盐中毒症状（倒地，划水样症状）

3. 病理变化

病死猪脑膜和大脑皮质有不同程度的充血、出血、水肿（图4-57）。胃肠黏膜充血、出血，肝脏肿大、质脆。其他脏器病变不明显。

4. 诊断

根据病史、临床症状可作出初步诊断。必要时可采血液、肝脏和脑部等组织进行氯化钠含量的测定。

5. 防治

发现猪食盐中毒后要立即停喂可疑饲料，并保证供给充足的清水供饮用。同时可

图4-57 猪食盐中毒病理变化（脑部充血、出血、水肿）

选用下列药物进行治疗：25%硫酸镁注射液10~25毫升进行静脉或肌内注射；20%葡萄糖酸钙注射液50~100毫升进行静脉注射；双氢克尿噻（每支10毫升，含250毫克）2~8毫升进行肌内注射，每天1~2次；食醋100~500毫升加适量水后1次性灌服等。

（十八）猪亚硝酸盐中毒

猪亚硝酸盐中毒又称"饱潲病"，是猪采食了富含硝酸盐或亚硝酸盐的饲料而引起中毒的一种中毒性疾病。

1. 病因

猪吃了调制不当的青绿饲料所致。如青绿饲料腐烂或盖锅焖煮后成了半生半熟饲料，此时饲料中含有大量亚硝酸盐，猪采食后亚硝酸盐即进入血液，使血液中正常氧气和血红蛋白失去活性，猪全身缺氧并迅速发病或死亡。

2. 临床症状

各种日龄猪均可发病。猪群喂料 0.5~2 个小时后，大部分猪突然发病，主要表现为呕吐、口吐白沫、呼吸极度困难。病猪有时呈犬坐式，有时张口伸舌。鼻端、嘴巴及皮肤黏膜呈淡蓝色（图 4-58、图 4-59），体温下降，四肢末梢发凉。严重时四肢痉挛，抽搐而死亡。

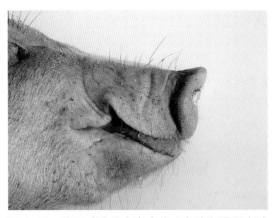

图 4-58　猪亚硝酸盐中毒症状（鼻端和嘴巴皮肤呈淡蓝色）

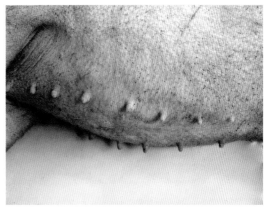

图 4-59　猪亚硝酸盐中毒症状（腹部皮肤呈淡蓝色）

3. 病理变化

剖检流出来的血液呈黑褐色或酱油色（图 4-60），可视黏膜发绀，内脏无明显的病变。

4. 诊断

根据病史、临床症状和病理变化可作出初步诊断。必要时可抽取猪血液、可疑饲料及胃内容物进行亚硝酸盐含量测定而确诊。

5. 防治

在预防上，不要饲喂烂菜叶或半生半熟的青绿饲料。发病时可用 1% 美蓝溶液（按

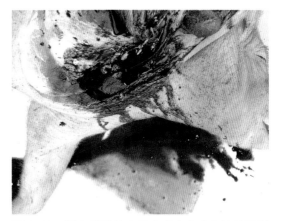

图 4-60　猪亚硝酸盐中毒病理变化（血液呈黑褐色或酱油色）

每千克体重 0.1~0.2 毫升）进行静脉注射或肌内注射。若注射后 2 个小时仍未好转，可重复注射。紧急情况下也可使用蓝墨水（每头猪 20~40 毫升）进行肌内注射，也有一定效果。此外，可根据情况选用葡萄糖注射液、维生素 C 注射液、强心剂等药物进行对症治疗。

（十九）猪饲料霉菌毒素中毒

猪饲料霉菌毒素中毒指猪采食含有霉菌毒素的霉变饲料而导致的一种多病症中毒性疾病。

1. 病因

饲料霉菌毒素种类较多，可分为黄曲霉毒素、赭曲霉毒素、单端孢霉烯族毒素、玉米赤霉烯酮毒素、烟曲霉毒素等几种，上述几种霉菌毒素可单独致病，也可能由两种或两种以上共同致病。

黄曲霉毒素广泛存在于花生、玉米、黄豆、棉籽、菜籽等农产品及其副产品中。常见的有 B_1、B_2、G_1、G_2 4 种毒素，均属于嗜肝脏毒，对人畜都表现出很强的细胞毒性、致突变性和致癌性。

赭曲霉毒素主要存在于霉变的玉米、高粱、麦类等谷物及其副产品中，有 A、B、C、D 4 种类型毒素，其中以毒素 A 的毒力最强，属于嗜肾脏毒。

单端孢霉烯族毒素，又称新月毒素，包括 T-2 毒素、HT-2 毒素、呕吐毒素等，多存在于玉米、高粱和麦类等谷物及其副产品中，主要危害动物的肝脏、肾脏、消化道。单端孢霉烯族毒素还含有组织刺激因子和皮肤致炎物质，会损害动物的皮肤和消化道黏膜。

玉米赤霉烯酮毒素，又称 F-2 毒素，主要分布于玉米、高粱、麦类及稻谷中，属于嗜生殖道型毒素。

烟曲霉毒素主要分布于谷物饲料及其副产品、秸秆、牧草等中，属于嗜肺脏和嗜神经毒素。

在饲料原料、成品料、垫料以及饲槽中可以检测到一种霉菌毒素，也可以检测到两种或两种以上毒素。霉菌毒素在自然界及饲料中广泛存在。

2. 临床症状

猪饲料霉菌毒素中毒可表现为腹泻（图 4-61）、发热、母猪流产（图 4-62）等一般性临床症状。此外，不同的霉菌毒素中毒，病猪有不同的特异性临床症状。

图 4-61　猪饲料霉菌毒素中毒症状（腹泻）

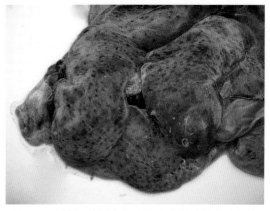

图 4-62　猪饲料霉菌毒素中毒症状（母猪流产）

　　猪黄曲霉毒素中毒在各种日龄猪均可发生，少数急性病例往往见不到明显的临床症状就突然死亡；多数亚急性病例表现为渐进性食欲减退，粪干，可视黏膜苍白或黄染，有的精神沉郁，有的兴奋不安，抽搐或角弓反张；慢性病例则表现为消瘦，生长缓慢，全身皮肤黄染以及异嗜癖等症状。

　　猪赭曲霉毒素中毒，病猪主要表现为多尿，尿中带血，体重减轻，有些病猪的皮肤（臀部、腹部两侧多见）出现许多红色小痘点（图4-63），或大面积炎症坏死（图4-64）。

　　猪单端孢霉烯族毒素中毒以仔猪和小猪多见，一年四季中以春季多见。病猪主要表现为鼻、唇、口腔周围皮肤溃烂、出血、结痂（图4-65），继而腹部皮肤出现脱落症状（图4-66、图4-67）。此外，病猪还有拒食、呕吐、腹泻、体重下降、饲料报酬低等表现。

　　猪玉米赤霉烯酮毒素中毒，母猪出现雌性激素综合征，公猪出现雌化综合征，仔猪出现"八字脚"（图4-68），中大猪出现脱肛现象（图4-69）。具体来说，母猪中毒后可出现流产、子宫内膜炎、屡配不上等症状，也可见到阴户红肿、阴道黏膜充血肿胀，严重时可见阴道黏膜外翻、乳房肿胀等症状。出生仔猪表现为虚弱，小母猪阴户红肿（图4-70），后肢外翻成"八字脚"。公猪的乳房肿大，包皮水肿，睾丸萎缩，性欲减退。生长架子猪则表现易脱肛，小母猪的阴户红肿，并发其他呼吸道病综合征等。

　　猪烟曲霉毒素中毒，病猪出现发热、喘气、咳嗽症状，个别病猪还出现脑神经症状。

图4-63　猪赭曲霉毒素中毒症状（臀部皮肤上红色小痘点）

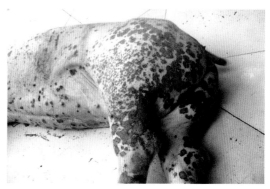

图4-64　猪赭曲霉毒素中毒症状（皮肤大面积炎症坏死）

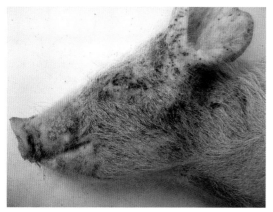

图4-65　猪单端孢霉烯族毒素中毒症状（头部皮肤溃烂、结痂）

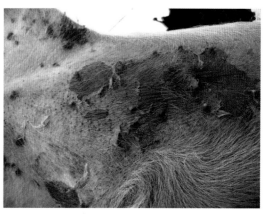

图4-66　猪单端孢霉烯族毒素中毒症状（腹部皮肤脱皮）

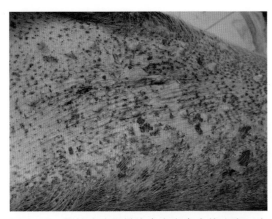

图 4-67　猪单端孢霉烯族毒素中毒症状（腹下皮肤脱皮）

图 4-68　猪玉米赤霉烯酮毒素中毒症状（仔猪"八字脚"）

图 4-69　猪玉米赤霉烯酮毒素中毒症状（中大猪脱肛）

图 4-70　猪玉米赤霉烯酮毒素中毒症状（小母猪阴户红肿）

3. 病理变化

不同的霉菌毒素中毒所表现的病理变化有所不同。

猪黄曲霉毒素中毒表现为全身脂肪有不同程度的黄染。肝脏肿大，呈浅黄色（图 4-71），质地较硬（即肝脏硬化，图 4-72）。有的肝脏表面出现一些黄白色坏死灶（图 4-73），严重的还出现原发性肝癌或肿瘤结节（图 4-74）。胸腔、腹腔以及心包有不同程度的积液。

图 4-71　猪黄曲霉毒素中毒病理变化（肝脏肿大，呈浅黄色）

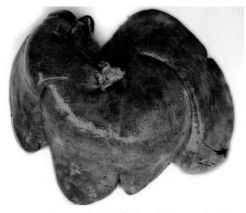

图 4-72　猪黄曲霉毒素中毒病理变化（肝脏硬化）

图 4-73 猪黄曲霉毒素中毒病理变化（肝脏黄白色坏死灶）

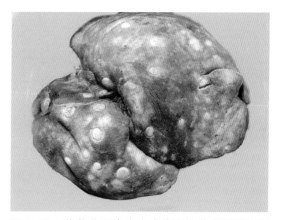

图 4-74 猪黄曲霉毒素中毒病理变化（肝脏肿瘤结节）

　　猪赭曲霉毒素中毒表现为肾脏肿大明显、苍白，并纤维化（图 4-75、图 4-76）。有时肝脏也有肿大、坏死病变。有的病猪在皮下、肠系膜、肾脏周围组织出现水肿现象。有的胸腔和腹腔还有积液现象。

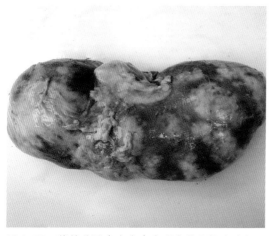

图 4-75 猪赭曲霉毒素中毒病理变化（肾脏肿大、苍白，纤维化）

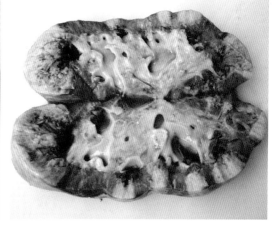

图 4-76 猪赭曲霉毒素中毒病理变化（肾脏肿大，切面可见纤维化）

　　猪单端孢霉烯族毒素中毒表现为消化道黏膜水肿、出血，有时黏膜上可见霉菌灶（图 4-77）或坏死灶。肝脏脂肪变性，心内膜出血，胰腺水肿，皮肤炎症坏死等。

　　猪玉米赤霉烯酮毒素中毒表现为后备母猪的子宫和乳腺过早发育增大，卵巢中有持久性黄体，阴户肿胀充血，阴道黏膜充血肿胀，严重时可导致阴道黏膜外翻。显微切片显示生殖道黏膜上皮细胞增生，卵巢中的卵细胞变性，病程稍长的还可见生殖道黏膜上皮细胞出现鳞状化。母猪流产后胎衣出现炎症坏死斑。

　　猪烟曲霉毒素中毒表现为肺脏水肿，并有不同程度的肺炎病变，有时在肺脏表面可见到灰白色的霉菌结节、霉菌斑（图 4-78 至图 4-80）。此外，有时还可见脑部软化、消化道炎症等病变。

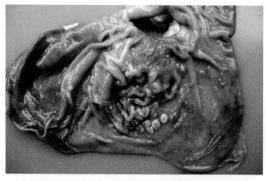

图 4-77 猪单端孢霉烯族毒素中毒病理变化（胃黏膜霉菌灶）

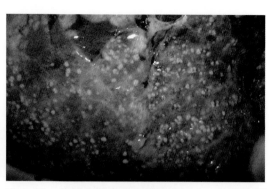

图 4-78 猪烟曲霉毒素中毒病理变化（肺脏表面霉菌结节）

图 4-79 猪烟曲霉毒素中毒病理变化（肺脏表面霉菌斑）

图 4-80 猪烟曲霉毒素中毒病理变化（肺脏霉菌灶及肺炎病变）

4. 诊断

根据临床症状和病理变化可作出初步诊断。对于猪烟曲霉毒素中毒，可取肺脏黄白色结节用 10% 氢氧化钠处理，可见大量霉菌菌丝（图 4-81）。必要时可通过测定饲料中的相应霉菌毒素含量来诊断。在饲料中往往可同时检测到两种或两种以上的霉菌毒素，因此须鉴别诊断。

5. 防治

饲料原料的生产、运输、保存、加工过程中控制水分含量，防止霉变；添加一些防霉剂（如苯甲酸钠、双乙酸钠、丙酸钙、

图 4-81 肺脏霉菌结节经处理后可见霉菌菌丝

山梨酸等），做好成品饲料的防潮储存工作等。当饲料原料（如玉米）出现轻度霉变时，可添加适量的霉菌吸附剂一起饲喂。若霉变比较严重，要禁止使用。

目前市面上销售的霉菌吸附剂种类很多，其中一些是传统的霉菌吸附剂（主要成分为蒙脱石、沸石或其他硅铝酸盐等），只能单纯地吸附一些霉菌毒素（如黄曲霉毒素）；一些霉菌吸附剂（如甘露寡糖）能吸附黄曲霉毒素和玉米赤霉烯酮毒素等，但对已经受霉菌毒素

侵害的病猪无治疗作用。此外，还有一些新型霉菌吸附剂（生物降解型）既能吸附饲料中的霉菌毒素，又能降解饲料中或猪体内残留的烟曲霉毒素、单端孢霉烯族毒素、玉米赤霉烯酮毒素等，使其转型或降解为无害的氨基酸、多糖体等成分。目前，这类霉菌吸附剂在生产实践中得到了广泛应用。

（二十）猪药物中毒

猪药物中毒是药物使用不当导致猪中毒的一种中毒性疾病。

1.病因

导致猪中毒的药物种类比较多，如利巴韦林、磺胺类药物、四环素类药物、氨基糖苷类药物、氯霉素、痢特灵、某些驱虫药等。其中，利巴韦林、磺胺类药物中毒比较常见。

2.临床症状

病猪的主要症状是精神沉郁，食欲减少或废绝，体温正常或偏低，有些出现呕吐症状（图4-82）。全身皮肤和可视黏膜黄染明显（图4-83）。粪便干，或排出带黑色稀粪，尿黄。一般为零星发病和死亡。怀孕母猪可导致流产和死胎。

3.病理变化

主要病变是皮下脂肪黄染，肝脏呈土黄色（图4-84）或黄褐色（图4-85），或表

图4-82 猪药物中毒症状（呕吐）

图4-83 猪药物中毒症状（全身皮肤和可视黏膜黄染）

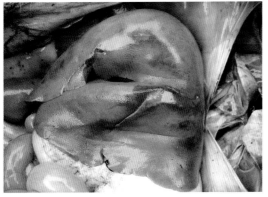

图4-84 猪药物中毒病理变化（肝脏呈土黄色）

图4-85 猪药物中毒病理变化（肝脏呈黄褐色）

面有大量出血点（图4-86），有时肝脏硬化。肾脏肿大（图4-87），肾髓质黄染，肾盂有药物结晶（图4-88）或胶冻样分泌物（图4-89）。膀胱内有黄色积尿，同时有一些黄白色沉淀物（图4-90）。有些病例会出现胃黏膜出血（图4-91）。

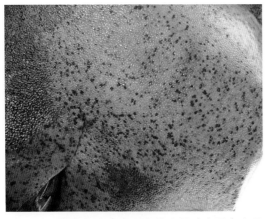

图4-86　猪药物中毒病理变化（肝脏表面有大量出血点）

图4-87　猪药物中毒病理变化（肾脏肿大）

图4-88　猪药物中毒病理变化（肾盂有黄白色药物结晶）

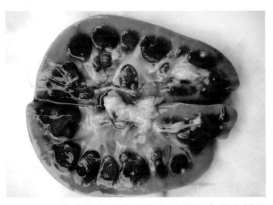

图4-89　猪药物中毒病理变化（肾盂有胶冻样分泌物）

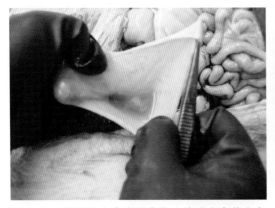

图4-90　猪药物中毒病理变化（膀胱内有黄白色沉淀物）

图4-91　猪药物中毒病理变化（胃黏膜出血）

4. 诊断

根据病史、临床症状和病理变化可作出初步诊断。必要时可结合实验室检查肝脏或血液中药物残留量而确诊。

5. 防治

在应用兽药进行猪病防治时，一定要讲究科学用药和科学搭配，不能长期超量使用或重复使用某种药物，严禁使用违禁药品。

当猪群发生药物中毒时，要立即停药，并在饮水或饲料中添加 1%~5% 的葡萄糖或 0.03% 的维生素 C 粉或电解多种维生素。对个别严重的病例要采取输液、保肝以及对症治疗措施。

（二十一）母猪乳房炎

母猪乳房炎是母猪的 1 个或多个乳房出现炎症反应的一种产科疾病。

1. 病因

由于猪舍不清洁、母猪乳房消毒不良、母猪围产期出现感冒、母猪子宫炎、仔猪咬破母猪乳房以及其他一些疾病，均可导致母猪乳房炎的发生。

2. 临床症状

母猪拒绝哺乳，常伏地而躺，不让仔猪吸乳。有时母猪还会咬仔猪。仔猪则围着母猪发出阵阵叫奶声，母猪的 1 个或数个乳房或乳头出现不同程度的肿胀、潮红（图4-92、图 4-93），触之有热痛感表现。严重时可发展为乳房脓肿或溃疡（图 4-94），此时母猪往往有体温升高、食欲不振、精神委顿现象，并且伴有子宫炎症状。

3. 病理变化

母猪的乳头表现为红肿炎症反应，严

图 4-92　母猪乳房炎症状（乳头轻度肿胀、潮红）

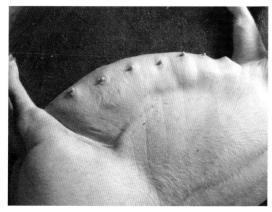

图 4-93　母猪乳房炎症状（乳头严重肿胀、潮红）

图 4-94　母猪乳房炎症状（乳房脓肿、溃疡）

重时乳房脓肿或溃疡。

4. 诊断

在临床上判断母猪乳房炎的标准是母猪乳房出现红肿热痛。至于是哪一种病原引起的乳房炎，有赖于对乳汁进行病原分离、培养鉴定。

5. 防治

平时加强饲养管理，特别要加强母猪分娩舍的卫生消毒工作和接产工作，同时也要做好母猪阴户和乳房的消毒工作。在夏天分娩的母猪，要防止因母猪子宫炎等产道感染而导致乳房炎。当母猪奶水偏少时，要及时采取措施（如仔猪寄养、加强母猪营养水平、注射缩宫素或采取其他方法催奶），防止仔猪过度吸奶而咬伤母猪乳房而造成乳房炎。

发生乳房炎时，要及时采用热敷或用鱼石脂软膏进行涂擦，同时肌内注射恩诺沙星或阿莫西林进行全身抗感染治疗；母猪出现发热、不吃等全身症状时，还要结合静脉注射广谱抗生素（如阿莫西林等）；发生脓肿时，要采用手术法切开排脓；发生坏疽时，要做切除处理。

（二十二）母猪子宫炎

母猪子宫炎又称母猪子宫内膜炎，是母猪的子宫出现急性、慢性或隐性炎症感染的一种产科疾病。

1. 病因

由于母猪舍不清洁、公猪配种和人工授精时消毒不严、母猪感染某些病菌（如衣原体、布氏杆菌等），均可导致母猪子宫炎。

2. 临床症状

在临床上可将母猪子宫炎分为急性、慢性和隐性 3 种类型。

急性子宫炎多发生于产后或流产后，病母猪体温升高到 41℃ 以上，不吃料，阴道内排出粉红色或黄白色脓性分泌物（图 4-95 至图 4-97）。此外，还影响乳房功能，造成母猪没有奶水，甚至出现乳房炎。

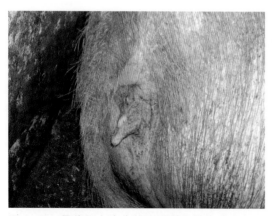

图 4-95 母猪子宫炎症状（阴道内排出黄白色脓性分泌物）

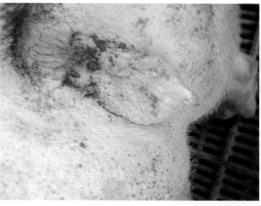

图 4-96 母猪子宫炎症状（阴道内排出黄白色凝乳块状脓性分泌物）

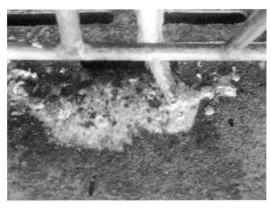
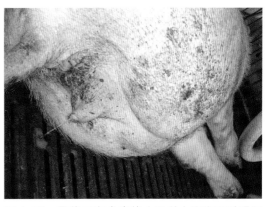

图 4-97　母猪子宫炎症状（地上大量脓性分泌物）　图 4-98　母猪子宫炎症状（阴道内流出不透明浑浊液）

慢性子宫炎多由急性子宫炎转化而来，病母猪全身症状不明显，但周期性地从阴道内排出少量黄白色分泌物，尤其在母猪卧地或发情时流出一些不透明浑浊液（图 4-98）。母猪发情不太正常，屡配不孕，有的即使怀孕上也易发生早期流产现象。

隐性子宫炎，病母猪子宫形态上无异常，发情周期也基本正常，但发情时可见从阴道内排出的分泌物较多，不清亮透明，略带浑浊，配种受胎率偏低。

3. 病理变化

急性子宫炎剖检可见子宫肿大明显（图 4-99），子宫内积有大量脓性或粉红色分泌物（图4-100），阴道内也有少量脓性分泌物；慢性子宫炎可见子宫轻度肿大，内积有少量黄白色分泌物；隐性子宫炎则无明显的肉眼病变。

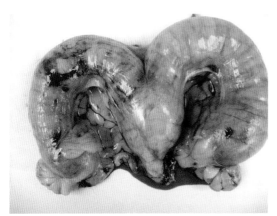
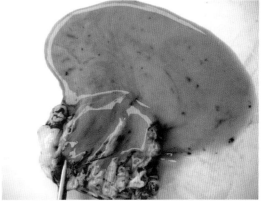

图 4-99　母猪子宫炎病理变化（子宫肿大明显）　图 4-100　母猪子宫炎病理变化（子宫内积有大量脓性或粉红色分泌物）

4. 诊断

根据临床症状可作出初步诊断，必要时可采用超声波进行诊断。

5. 防治

在预防上，猪舍要定期消毒，保持地面干燥，临产时做好产房消毒以及母猪阴户、乳房消毒工作。分娩时还要保护好母猪产道，尽量避免产道损伤而导致感染。发生难产而予以助产时应小心谨慎，禁止不洁手术，也要避免用手反复在产道内拉小猪，否则易导致产道水肿、损伤产道。人工取出胎儿以及胎衣排出后，要用消毒药或抗生素进行适当的消炎处理，必要时还要配合肌内注射广谱抗生素进行预防。在做人工授精或自然交配时，要做好消毒工作，采取相应的防范措施。公猪生殖器官有炎症时，不允许公猪带菌多次配种。在炎热天气配种时，更要注意卫生和消毒工作。

在治疗上，对于比较严重的急性子宫炎病例，除了进行全身抗感染处理（如肌内注射盐酸林可霉素，静脉注射阿莫西林等），还要对子宫进行冲洗。所选药物应无刺激性（如0.9%生理盐水、0.1%高锰酸钾溶液、0.1%乳酸依沙吖啶溶液等），冲洗后可配合注射氯前列烯醇或缩宫素注射液，有助于子宫积脓或积液排出。子宫冲洗一段时间后，可往子宫内注入80万~320万单位青霉素或1克盐酸金霉素或2~3克阿莫西林粉或1~2克乳酸环丙沙星粉等药物，有助于子宫消炎和恢复。严重的病例可在第二个发情期再用上述药物进行子宫内注入治疗。

对于慢性子宫炎病例，可用青霉素80万~160万单位，硫酸链霉素1克溶解在100毫升生理盐水中，直接注入子宫内进行治疗（要选在发情期间，此时子宫颈部开张，易于输精管的插入），也可选用其他广谱抗生素进行子宫内注入。

对于隐性子宫炎病例，可在母猪配种前半天或母猪配种结束后半天，使用青霉素80万~160万单位或阿莫西林2克，用灭菌注射用水30~50毫升稀释后直接注入子宫进行治疗，有较好治疗效果，对提高受胎率有帮助。

（二十三）母猪乏情

母猪乏情是后备母猪饲养到7~8月龄以上或经产母猪断奶8~9天以上仍不见发情表现的一种产科疾病。

1. 病因

造成母猪乏情的原因很多，如营养缺乏（饲料中缺乏维生素A、维生素E或硒元素）、管理不当（如母猪太肥或太瘦，图4-101、图4-102）、夏天热应激、母猪患有某些疾病（如卵巢发育不良、持久黄体、子宫炎等）。

图4-101 母猪乏情（母猪太肥）

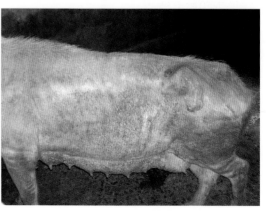

图4-102 母猪乏情（母猪太瘦）

2. 临床症状

后备母猪饲养到 7~8 月龄以上仍不见发情或发情不明显。经产母猪在仔猪断奶后 8~9 天仍未见发情表现。

3. 病理变化

无明显的病理变化。

4. 诊断

根据临床症状进行诊断。

5. 防治

对于营养缺乏、体况消瘦的母猪，关键要加强饲养管理，补充必要的营养物质（如维生素 A、维生素 D₃、维生素 E 等），以及提早断奶，来预防本病。此外，也可以用必精 600（PG600）进行人工催情。

对于卵巢萎缩和硬化的母猪（主要见于年龄偏大母猪），可注射促性腺激素释放激素（GnRH）及其类似物（如促排 2 号或促排 3 号），进行催情。严重的要淘汰处理。

对于有持久黄体的母猪（母猪长时间不发情，与子宫内有炎症、积脓、异物或干尸化等均有关），可肌内注射前列腺素或氯前列烯醇进行催情，同时还要进一步做好子宫炎的冲洗和治疗工作。

对于卵巢囊肿的母猪（主要表现发情不正常或频繁连续发情），要用促黄体生成素或绒毛膜促性腺激素或黄体酮进行注射治疗。

（二十四）猪低温综合征

猪低温综合征是猪体温低于 38℃的一种内科病。

1. 病因

在生产实践中，有些久病不愈的病猪、某些体质虚弱的亚健康猪以及一些濒死的病猪等，体温会偏低。

2. 临床症状

病猪的精神委靡，卧地不起（图 4-103），不吃或少吃，粪便干结或顽固性腹泻，耳朵和四肢皮肤冰冷。严重时舌头伸出，不能收回（图 4-104）。若不及时治疗或治疗不当，死亡率高或预后不良。

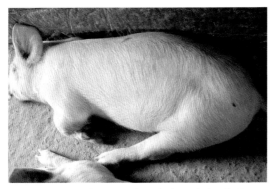
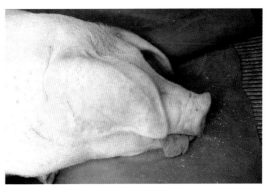

图 4-103　猪低温综合征症状（卧地不起）　　图 4-104　猪低温综合征症状（舌头伸出，不能收回）

3. 病理变化

不同的病因,其病理变化有所差异,如腹泻导致的低温,主要病理变化在胃肠道出现不同程度的肠炎;体质虚弱导致的低温,可见体况消瘦,大肠内容物秘结。病程稍长的剖检可见心冠脂肪水肿(图4-105)。

4. 诊断

猪正常体温为38~39.5℃,若长时间体温低于38℃,即可诊断为低温综合征。

5. 防治

本病在临床上多采取一般性治疗措施,如注射强心注射液(如樟脑磺酸钠),口服

图4-105 猪低温综合征病理变化(心冠脂肪水肿)

红糖水或生姜汤,静脉注射10%葡萄糖配合维生素B_1或维生素B_{12}等。若经治疗体温仍不见回升,病情仍不见好转,则预后不良。

(二十五)猪呼吸道病综合征

猪呼吸道病综合征是由两种或两种以上病因共同作用引起的猪呼吸道疾病的总称。

1. 病因

常见的原发病原有:猪支原体、猪流感病毒、猪伪狂犬病毒、猪繁殖与呼吸综合征病毒、猪圆环病毒、猪呼吸道冠状病毒、猪支气管败血性波氏杆菌等;常见的继发病原有:猪传染性胸膜肺炎放线杆菌、副猪嗜血杆菌、猪巴氏杆菌、猪链球菌、猪肺炎双球菌、猪霍乱沙门菌、猪化脓棒状杆菌、猪衣原体等;常见的环境不良应激因素包括:环境的温差大,湿度大,饲养密度高,注射应激,转群,日粮营养不平衡,饲料霉变等。

2. 临床症状

病猪常表现为有不同程度的体温上升,食欲降低,生长发育受阻,呼吸困难,喘气或咳嗽明显,鼻孔常流黏液性或脓性分泌物(图4-106),严重时可呈"犬坐式"张口呼吸(图4-107)。有时还可见耳朵和腹部皮肤发绀,有时还有腹泻表现,有时还可见皮肤苍白症状。

图4-106 猪呼吸道病综合征症状(鼻孔流脓性分泌物)

图4-107 猪呼吸道病综合征症状("犬坐式"张口呼吸)

母猪有时还可见到流产、死胎现象。

3.病理变化

多数病死猪可见气管内有粉红色泡沫，肺脏出现弥漫性间质肺炎（图4-108），肺脏肿大，呈紫红色，质地变硬；有的肺脏在尖叶、心叶、膈叶出现肉样变；有的肺脏表面有纤维素性物质渗出，并与胸膜和心包粘连；有的胸腔积液（图4-109）；有的肺脏出现局灶性化脓灶。少数病例还可见肝脏肿大，肾脏与膀胱有出血点。少数病例出现腹膜炎及关节炎病变。总之，病理变化呈多样化和复杂化。

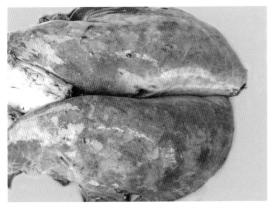 

图4-108　猪呼吸道病综合征病理变化（弥漫性间质肺炎）　图4-109　猪呼吸道病综合征病理变化（胸腔积液）

4.诊断

根据临床症状和病理变化可作出初步诊断，确诊必须结合化验室相应的病原诊断。病毒性病原还有赖于病毒分离鉴定和聚合酶链式反应试验；细菌和猪肺炎支原体有赖于细菌培养鉴定；饲养管理因素（如饲料霉变、温差大）也要逐一进行分析。对上述诊断结果进行综合分析，厘清主次，找出本病主要病因和继发病原。

5.防治

本病的防治应采取综合防治措施，包括改善饲养管理、予以必要的免疫接种以及合理地用药防治等3个方面。

（1）加强饲养管理。采用"全进全出"的饲养模式，喂湿拌料，分餐饲养，控制好饲养密度。改善通风条件，降低猪舍内有害气体浓度，做好猪舍保温工作。加强猪舍的卫生消毒工作等，杜绝使用霉变饲料。

（2）做好与呼吸道疾病有关的几种疾病的疫苗免疫，如猪支原体肺炎、猪伪狂犬病、猪繁殖与呼吸综合征、猪传染性萎缩性鼻炎等疫苗免疫。每个猪场可根据本场猪呼吸道疾病特点制定合理的疫苗免疫程序和药物保健方案。

（3）药物防治。鉴于呼吸道病综合征是多病因致病，所以治疗药物种类比较多，常见的有：青霉素类（阿莫西林、氨苄西林钠等），四环素类（盐酸金霉素、盐酸多西环素等），治疗猪支原体肺炎药物（磷酸泰乐菌素、替米考星、延胡索酸泰妙菌素等），喹诺酮类（乳酸环丙沙星），氟苯尼考，盐酸林可霉素硫酸大观霉素预混剂，磺胺类药物等。根据不同病原进行合理搭配和联合用药，如氟苯尼考配合盐酸多西环素，盐酸多西环素配合磷酸泰乐菌素，盐酸多西环素配合替米考星，盐酸金霉素配合延胡索酸泰妙菌素，盐酸林可霉素配合硫酸大观霉素，磷酸泰乐菌素配合磺胺二甲基嘧啶。在用药过程中要注意采用适当的给药途径（如拌料、饮水、肌内注射）、用药剂量以及轮换用药等几方面问题，也要注意几种药物的配伍禁忌和药物使用对畜产品的残留、休药期问题。有条件地方还可根据药敏试验结果进行科学用药。

（二十六）猪疝气

猪疝气是猪一些组织或器官离开了原来的部位，通过间隙、缺损或薄弱部位进入身体的另一部分的一种外科性疾病。

1. 病因

常见的原因有遗传性因素（一些公母猪的后代发病率高）、饲养管理不良（如咳嗽、喷嚏、便秘等）、手术失败等。根据发生部位可分为脐疝、腹股沟疝、腹壁疝、膈疝等。

2. 临床症状

临床上较常见的是腹股沟疝（在公猪多见，在腹股沟区或阴囊可以看到或摸到肿块，图4-110），脐疝（在脐部有瘤样肿块，图4-111），腹壁疝（在腹壁可见瘤样肿块，图4-112、图4-113），膈疝（不易见到症状）。这些疝气在刚开始的时候比较小，手摸也较柔软，有时变大，有时变小（属于可恢复性疝气）。到了中后期，这些肿大的部位有可能越来越大（如

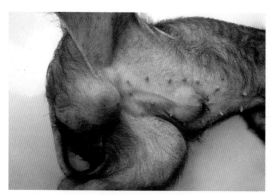

图4-110 猪疝气症状（阴囊区肿块）

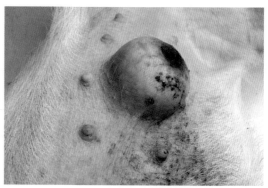

图4-111 猪疝气症状（脐部瘤样肿块）

图4-112 猪疝气症状（腹壁瘤样肿块）

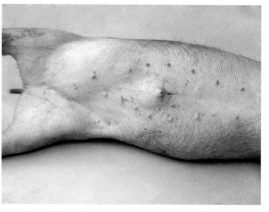

图4-113 猪疝气症状（下腹壁瘤样肿块）

脐疝有时可触地，容易磨破局部皮肤），内容物也越变越硬，有时就会形成嵌闭性疝气。病猪吃料减少，粪便时干时稀，严重时可导致死亡。

3.病理变化

早期疝气（可恢复性疝气），切开后可见小肠和疝孔（图4-114至图4-116），中后期疝气，被嵌闭的组织器官（如小肠）会出现充血、出血、粘连、坏死等病变。有些疝气后期会出现触地，从而出现局部皮肤磨损、炎症发脓、小肠脱出等病变。

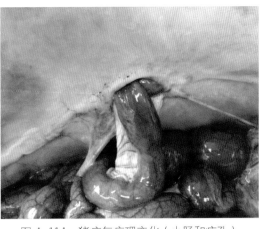

图 4-114 猪疝气病理变化（小肠和疝孔）

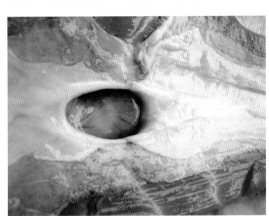

图 4-115 猪疝气病理变化（疝孔）

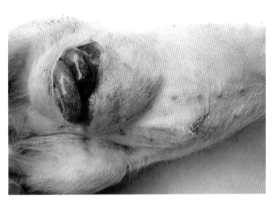

图 4-116 猪疝气病理变化（小肠）

4.诊断

根据临床症状、病理变化可作出初步诊断。

5.防治

早期可采取保守疗法，将内容物还纳腹腔后，局部用绷带压迫，控制采食量。一段时间后可逐渐恢复。若疝孔大，时间长久，多采用手术疗法，将疝气内容物还回腹腔，并用粗缝合线缝合疝孔。在手术过程中要注意保定、空腹、粘连剥离、消炎、止血等手术细节问题。

（二十七）猪直肠脱

猪直肠脱又称猪脱肛，是猪的直肠壁部分或全部向外脱出的一种外科性疾病。

1.病因

造成猪直肠脱的原因有多种，如：严重腹泻；咳嗽严重时腹压大；饲料霉变，特别是玉米赤霉烯酮毒素中毒；母猪产后会阴部和韧带松弛；猪苗长途运输。

2.临床症状

猪直肠脱，有的脱出部分较小，如乒乓球大小（图4-117），有的脱出部分较大，如香肠状（图4-118）。刚脱出时为粉红色；时间稍长后黏膜水肿，表面易磨破而出血；时间长后黏膜出现糜烂坏死。严重时可导致死亡。此外，病猪出现不同程度的精神不安、食欲不振、炎症发热等全身性症状。

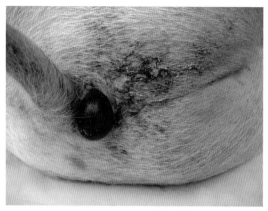

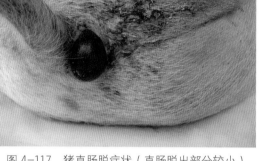

图 4-117　猪直肠脱症状（直肠脱出部分较小）　　图 4-118　猪直肠脱症状（直肠脱出部分较大）

3. 病理变化

脱出的直肠易出现出血、水肿、炎症坏死等病变。

4. 诊断

根据临床症状和病理变化即可诊断。

5. 防治

不同病因的猪直肠脱要采取不同的防治措施。要解决好腹泻、咳嗽以及饲料霉变等问题，才能彻底控制好本病。当猪直肠脱发生时，要及时地予以整复，应采取荷包缝合，以防再次脱出。如发病时间长，已造成直肠脱出部分水肿、溃烂，则要清理创面，涂抹青霉素粉或硫酸庆大霉素注射液后再整复和缝合，同时肌内注射广谱抗生素进行抗菌消炎，并饲喂以易消化的流质饲料和青饲料。

（二十八）猪局部皮肤败血症

猪局部皮肤败血症是猪局部皮肤受损后继发细菌感染而引起的一种外科性疾病。

1. 病因

主要病因有两个，一是猪只有经历过打针、阉割，或受过外伤；二是猪舍的环境卫生比较差，针头和阉割的用具没有消毒好。上述两个病因共同作用导致本病的发生。

2. 临床症状

本病在猪场多见于仔猪和保育小猪，多在同一窝内和同一栏内发生，与注射或受伤后局部皮肤感染有直接关系。病猪主要表现为耳朵后部、阴囊部或下颌等处皮肤出现局部或大面积发红、发紫等败血症症状（图4-119至图4-125），体温上升到41~42℃，喘气。有的胸前或颌下皮肤还出现皮下水肿（图4-126）。治疗不及时，可在1~2天内死亡，死亡率高达100%。

图 4-119　猪局部皮肤败血症症状（耳朵后部皮肤
发红）

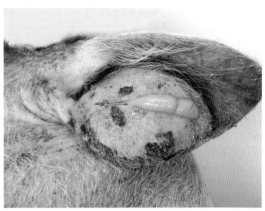

图 4-120　猪局部皮肤败血症症状（耳朵局部皮肤
发红）

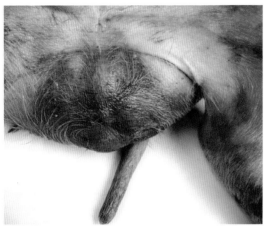

图 4-121　猪局部皮肤败血症症状（阴囊皮肤发红）

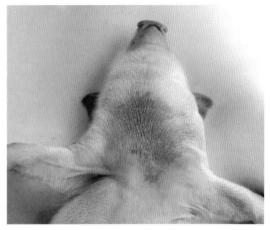

图 4-122　猪局部皮肤败血症症状（颌下皮肤局部
发红）

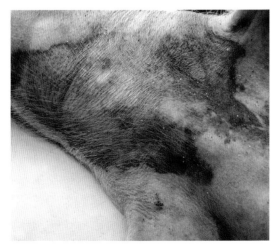

图 4-123　猪局部皮肤败血症症状（颌下皮肤大面
积发红）

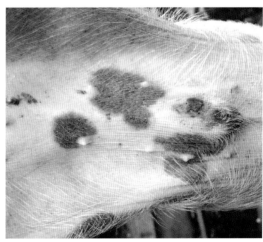

图 4-124　猪局部皮肤败血症症状（腹部皮肤局部
发红）

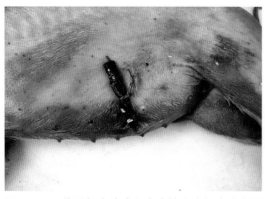
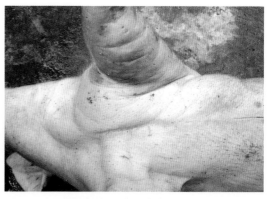

图 4-125　猪局部皮肤败血症症状（脐部皮肤大面　　图 4-126　猪局部皮肤败血症症状（胸前皮下水肿）
积发红）

3.病理变化

除了局部皮肤出现发红发紫等败血症症状外，肺脏有点状出血，腹腔表面有丝状纤维素性物质渗出，肾脏肿大呈暗红色，有的有出血点，心冠脂肪有出血点。

4.诊断

根据临床症状和病理变化可作出初步诊断。必要时可对病变内脏和局部皮肤进行细菌分离鉴定，分离出链球菌或致病性大肠杆菌等而确诊。

5.防治

平时加强猪舍的消毒工作，打针时针头要消毒，阉割时要做好局部皮肤和刀具、手的消毒工作。一栏猪中若发现有一头病猪，就要及时对整栏猪肌内注射青霉素和硫酸链霉素或头孢噻呋钠，连续注射 2~3 天。

（二十九）猪尿道结石

猪尿道结石是结石阻塞在尿道"S"部位而造成的一种公猪泌尿系统疾病。

1.病因

猪尿道结石的原因有多种，首先是饲料中维生素 A 缺乏、钙磷比例失调、临床上滥用药物（如磺胺类药物）等，使矿物质在肾脏内或膀胱内沉淀并形成小石块；其次是尿道感染、矿物质代谢障碍、尿液中 pH 不当，以及其他复合因素，特别是尿液中钙和镁含量高，促使结石形成。其中，碱性尿液易形成磷酸铵镁结石；酸性尿液易形成尿酸盐、胱氨酸结石。

2.临床症状

病猪体温正常，烦躁不安，弓背怒责，起卧频繁，滴尿或无尿排出，有时排出一些带血尿液。若治疗不及时，会出现食欲降低，病猪腹部变大（图 4-127），行走困难，疼

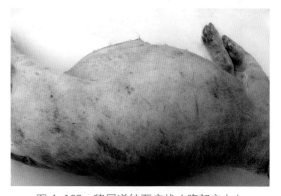

图 4-127　猪尿道结石症状（腹部变大）

痛呻吟，最后倒地死亡。慢性病例可见腹部皮肤水肿（图4-128）。

3. 病理变化

病死猪膀胱胀满（图4-129）或破裂，腹腔内充满尿液（图4-130），膀胱顶部有一破裂口（图4-131）。公猪尿道"S"处可检出结石，尿道局部有炎症增生。慢性病例剖检可见输尿管积尿（图4-132），肾脏皮质变薄（图4-133）。

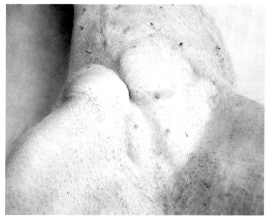

图 4-128　猪尿道结石症状（腹部皮肤水肿）

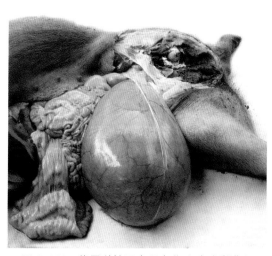

图 4-129　猪尿道结石病理变化（膀胱胀满）

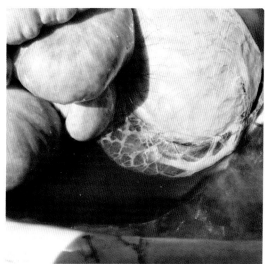

图 4-130　猪尿道结石病理变化（腹腔内充满尿液）

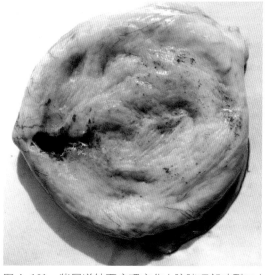

图 4-131　猪尿道结石病理变化（膀胱顶部破裂口）

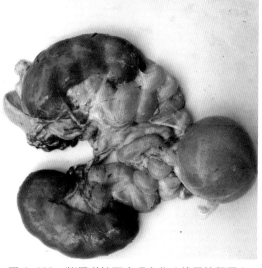

图 4-132　猪尿道结石病理变化（输尿管积尿）

图 4-133　猪尿道结石病理变化（肾脏皮质变薄）

4. 诊断

根据病猪少尿或排出少量血尿可作出初步诊断。要确诊须做 B 超检查。

5. 防治

预防上要加强饲养管理，注意日粮配方，多饮清洁干净水，少用磺胺类药物，少饮硬水。

治疗上最有效的方法是手术取出结石，此外也可采用口服碳酸氢钠或利尿中草药（车前子、木通、滑石各 40 克，甘草 30 克，煎水内服）进行治疗。已经出现膀胱破裂的病猪，最终死亡。

（三十）猪蹄叶炎

猪蹄叶炎是猪蹄的蹄壁真皮出现局部或弥漫性炎症。

1. 病因

诱发猪出现蹄叶炎的因素较多。首先，规模化猪场目前多采用漏粪地板或水泥地板，这两种地板易对猪只的蹄部造成伤害；其次，猪舍的不规范消毒（特别是烧碱消毒后没有冲洗干净）也易对猪的蹄部造成伤害；此外，猪体重压迫、饲料中营养缺乏（如生物素、锌缺乏）、一些霉菌毒素代谢产物，均可诱发猪蹄叶炎。

2. 临床症状

早期可见病猪有轻度跛行，患肢不愿受力（图 4-134）。几天后，可见患肢蹄冠、蹄叶红肿（图 4-135），局部皮肤温度升高，有明显的触痛感表现。有时可见蹄壳裂开（图 4-136）。若不采取措施，蹄叶和蹄冠红肿热痛表现更明显，会进一步出现局部化脓、坏死（图 4-137、图 4-138），严重时可扩展到跗部和肘部。此时，病猪体温升高，吃食减少，生长缓慢。

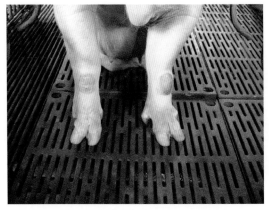

图 4-134　猪蹄叶炎症状（患肢不愿受力）

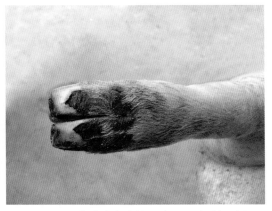

图 4-135　猪蹄叶炎症状（蹄冠、蹄叶红肿）

图 4-136　猪蹄叶炎症状（蹄壳裂开）

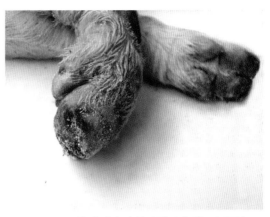

图 4-137　猪蹄叶炎症状（蹄叶化脓、坏死）

3. 病理变化

猪蹄叶局部出现红肿炎症反应。若有继发感染，蹄叶局部可出现化脓以及组织坏死。

4. 诊断

根据临床症状和病理变化可作出初步诊断。在临床上要注意与猪口蹄疫、猪水疱病鉴别诊断。

5. 防治

预防上要加强饲养管理，尽量减少猪舍结构对猪蹄部的损伤。规范猪舍的消毒工作，杜绝饲喂霉变饲料，优化饲料配方，补充生物素，可降低猪蹄叶炎发病率。

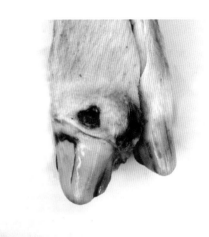

图 4-138　猪蹄叶炎症状（蹄冠化脓、坏死）

治疗上，初期可使用碘酊对局部皮肤进行涂擦。对猪蹄叶炎严重病例，除局部消炎处理外，还要肌内注射青霉素和硫酸链霉素进行消炎处理。此外，还要减少病猪的走动和负重，增加饲料中的生物素、锌、钙、磷等营养成分，以加快病猪康复。

附录一　猪常见症状的临床诊断参考表

症　状	可　能　病　因
腹泻	病毒性病因：猪瘟、猪伪狂犬病、猪传染性胃肠炎、猪流行性腹泻、猪德尔塔冠状病毒病、猪轮状病毒病、猪圆环病毒病等
	细菌性病因：猪大肠杆菌病、仔猪副伤寒、仔猪红痢、猪增生性肠炎、猪痢疾、猪结肠螺旋体病等
	寄生虫性病因：猪球虫病、猪小袋纤毛虫病、猪三毛滴虫病、猪毛首线虫病、猪类圆线虫病等
	饲养管理性病因：保温不良、喂料量过多、饲料变质、饲料蛋白质含量偏高、过早断奶等
喘气与咳嗽	病毒性病因：猪繁殖与呼吸综合征、猪圆环病毒病、猪流行性感冒
	细菌性病因：猪支原体肺炎、猪传染性胸膜肺炎、副猪嗜血杆菌病、猪巴氏杆菌病、猪传染性萎缩性鼻炎
	寄生虫性病因：猪肺丝虫病
	饲养管理性病因：保温不良、温差过大、通风不良、饲料发霉等
脑神经症状	病毒性病因：猪伪狂犬病、猪传染性脑脊髓炎、猪流行性乙型脑炎
	细菌性病因：猪链球菌病（脑膜脑炎型）、猪李氏杆菌病、猪破伤风、猪水肿病
	其他病因：仔猪先天性震颤、仔猪低血糖症、猪有机磷农药中毒、猪延胡索酸泰妙菌素中毒、猪食盐中毒、猪钙缺乏症
高热不退	病毒性病因：猪瘟、非洲猪瘟、高致病性猪繁殖与呼吸综合征、猪流行性感冒、猪伪狂犬病
	细菌性和支原体性病因：猪链球菌病（败血症型）、猪丹毒、猪附红细胞体病
	寄生虫性病因：猪弓形虫病
	其他病因：猪热射病
皮肤发红	病毒性病因：猪瘟、猪繁殖与呼吸综合征、非洲猪瘟
	细菌性和支原体性病因：猪链球菌病（败血症型）、猪传染性胸膜肺炎、仔猪副伤寒、猪巴氏杆菌病、猪丹毒、猪附红细胞体病
	寄生虫性病因：猪弓形虫病
	其他病因：猪热射病、饲喂高铜添加剂、酒精中毒、猪局部皮肤败血症
皮肤苍白	猪胃溃疡、猪内出血（肝脏、脾脏破裂）、猪缺铁性贫血、猪附红细胞体病（后期）、猪寄生虫病
皮肤变蓝	猪亚硝酸盐中毒、猪繁殖与呼吸综合征、猪圆环病毒病
皮肤变黄	猪附红细胞体病、猪钩端螺旋体病、猪药物中毒、猪黄曲霉毒素中毒、猪黄脂病

症　状	可　能　病　因
皮肤瘙痒	猪荨麻疹、猪疥癣病、猪皮炎－肾病综合征、蚊虫叮咬
其他皮肤性症状	猪痘、猪赭曲霉毒素中毒、猪口蹄疫、猪水疱病、猪塞内卡病毒病、猪渗出性皮炎、猪真菌性皮炎、猪单端孢霉烯族毒素中毒、猪锌缺乏症、猪坏死杆菌病
流产、死胎	病毒性病因：猪伪狂犬病、猪繁殖与呼吸综合征、猪细小病毒病、猪流行性乙型脑炎、猪肠病毒病、猪瘟、非洲猪瘟
	细菌性、支原体性病因：猪布氏杆菌病、猪李氏杆菌病、猪衣原体病
	寄生虫性病因：猪弓形虫病
	饲养管理性病因：营养缺乏症、热应激、饲料发霉、药物中毒、打针等不良应激
猝死	猪口蹄疫、猪巴氏杆菌病、猪魏氏梭菌病、猪热射病、猪荨麻疹、猪内出血、猪胃穿孔、猪中毒、非洲猪瘟

附录二 死猪内脏器官剖检诊断参考表

脏 器	病 理 变 化	可 能 病 因
外观	脱水消瘦	猪大肠杆菌病、猪传染性胃肠炎、猪流行性腹泻、猪圆环病毒病、猪寄生虫性疾病、猪胃肠内科性疾病等
天然孔	流出黑色血液、凝固不良	猪炭疽、猪抗血凝性老鼠药中毒、猪链球菌病（败血症型）
	口、鼻流出带血泡沫	猪传染性胸膜肺炎、猪巴氏杆菌病、猪链球菌病（败血症型）
	鼻孔流鲜血	猪传染性萎缩性鼻炎、非洲猪瘟
皮下组织、肌肉	皮下组织出血性胶冻样浸润	猪细菌性败血症
	皮下脂肪带黄色	猪钩端螺旋体病、猪附红细胞体病、猪黄脂病、猪药物中毒
	头颈部皮下、肌肉有透明或微黄色液体流出	猪水肿病、猪巴氏杆菌病、猪局部皮肤败血症
	皮下肌肉坏死、化脓	猪坏死杆菌病、猪葡萄球菌病
	肌肉苍白	猪硒缺乏症、猪应激、猪高热症状性疾病、猪内脏出血
	出血点或出血斑	猪瘟、非洲猪瘟
口腔	齿龈坏死	猪瘟、猪坏死杆菌病、猪重金属中毒
	口腔黏膜起疱	猪口蹄疫、猪水疱病
	口腔黏膜炎症	猪口蹄疫、猪水疱病、猪化学物品中毒、猪维生素缺乏症、异物刺破口腔黏膜
	舌头切面有黄白色条纹	猪硒缺乏症
扁桃体	表面有坏死灶	猪伪狂犬病、猪瘟、猪流行性感冒
喉头	水肿	猪流行性感冒
会厌软骨	出血点	猪瘟
气管	气管和支气管黏膜潮红，内充满带泡沫黏液	猪流行性感冒
	气管和支气管内充满粉红色带泡沫黏液	猪传染性胸膜肺炎、猪巴氏杆菌病、猪呼吸道病综合征、猪肺丝虫病
肺脏	表面有出血斑点	猪瘟、猪链球菌病（败血症型）、猪中毒
	心叶、尖叶、膈叶对称性出现肉样实变	猪支原体肺炎

脏 器	病 理 变 化	可 能 病 因
肺脏	肺脏肿大、实变，呈红白相间的斑驳状	猪圆环病毒病
	肺脏肿大、出血、炎症，呈花斑状病变，肺脏间质水肿、增宽	猪繁殖与呼吸综合征、猪巴氏杆菌病
	肺脏肿大、淤血，呈紫红色	猪流行性感冒
	肺脏萎缩不全、水肿、间质增宽	猪弓形虫病、猪附红细胞体病
	肺脏肿大，表面有纤维性渗出物，间质充满胶冻样液体，病程长者可出现硬化或坏死病变	猪传染性胸膜肺炎、副猪嗜血杆菌病、猪呼吸道病综合征
	肺脏表面有霉菌灶	猪烟曲霉毒素中毒
胸腔	有大量浆液	猪巴氏杆菌病、猪呼吸道病综合征
	有纤维性渗出物，胸腔和肺脏粘连	猪传染性胸膜肺炎、副猪嗜血杆菌病
食道	黄白色粒状突起	猪饲料霉菌毒素中毒、猪白色念珠菌病
胃	胃大弯胃壁水肿	猪水肿病
	胃黏膜充血、出血、脱落	猪传染性胃肠炎、猪流行性腹泻、猪饲料霉菌毒素中毒、药物或添加剂中毒
	胃黏膜溃疡灶、穿孔	猪胃溃疡
肠道	小肠扩张充气、肠壁变薄，内充盈黄色液体	猪大肠杆菌病、猪传染性胃肠炎、猪流行性腹泻、猪球虫病及其他肠炎性疾病
	空肠段的肠壁呈紫红色	仔猪红痢、猪魏氏梭菌病、猪肠变位
	回肠及部分大肠壁增厚坏死	猪增生性肠炎
	大肠黏膜肿胀出血，肠内容物呈紫红色糊状	猪痢疾、猪胃溃疡
	大肠黏膜弥漫性溃疡，肠内膜表面呈糠麸状坏死	仔猪副伤寒
	盲肠及部分结肠黏膜有纽扣状溃疡灶	猪瘟、猪圆环病毒病
	盲肠及结肠黏膜表面有大量白色丝状虫体	猪毛首线虫病
	结肠外壁可见一些突出表面的坏死灶	猪圆环病毒病、猪食道口线虫病
	肠系膜和结肠襻水肿	猪水肿病、猪心脏衰竭性疾病
	大小肠内容物呈紫红色或黑酱油色	猪胃溃疡或肠溃疡、猪中毒

脏 器	病 理 变 化	可 能 病 因
腹腔	黄色积液	猪水肿病、猪弓形虫病、猪膀胱破裂、猪肾脏疾病、猪肝脏硬化、猪心脏衰竭性疾病
	腹膜炎并带食糜	猪胃肠穿孔
	腹膜炎并有干酪样渗出物	副猪嗜血杆菌病
	有蜘蛛网状纤维素性渗出物	猪链球菌病（败血症型）、副猪嗜血杆菌病、猪口蹄疫、猪其他急性败血症
肝脏	肝脏表面有黄白色小坏死点	猪伪狂犬病、猪链球菌病（败血症型）、猪巴氏杆菌病、猪流行性感冒并发症、猪药物和毒物中毒等
	肝脏表面出现大面积白色坏死斑	猪蛔虫病、猪饲料霉菌毒素中毒
	肝脏表面附着小囊泡	猪细颈囊尾蚴病
	肝脏表面有肿瘤结节	猪黄曲霉毒素中毒导致肝脏肿瘤、猪棘球蚴病
	肝脏土黄色	猪钩端螺旋体病、猪附红细胞体病、猪圆环病毒病、猪药物中毒
	肝脏硬化	猪黄曲霉毒素中毒、猪其他有害物质中毒
	肝脏肿大	多种传染病
	肝脏颜色偏黑	猪饲料霉菌毒素中毒
胆囊	出血点	猪瘟、非洲猪瘟
	水肿	猪水肿病、猪链球菌病（败血症型）
脾脏	肿大、暗红色	猪炭疽、猪弓形虫病、猪链球菌病（败血症型）、猪丹毒、非洲猪瘟
	边缘出血性梗死灶	猪瘟、猪圆环病毒病－猪瘟综合征
	表面有黄白色坏死灶	猪伪狂犬病
淋巴结	肿大，切面呈大理石样出血病变	猪瘟、非洲猪瘟、猪圆环病毒病－猪瘟综合征
	淋巴结肿大，切面多汁	猪圆环病毒病、猪水肿病
	淋巴结肿大，有坏死斑	猪弓形虫病
	淋巴结弥漫性出血或有出血点或化脓灶	猪链球菌病（败血症型）
肾脏	颜色淡，表面有针尖大小出血点	猪瘟、非洲猪瘟、猪伪狂犬病、猪流行性腹泻、仔猪黄痢、仔猪白痢
	肾脏皮质有小出血点或灰白色小坏死点	猪弓形虫病

脏　器	病　理　变　化	可　能　病　因
肾脏	肾脏表面有白色坏死斑	猪圆环病毒病
	肾脏紫红色，肿大，皮质有小出血点	猪丹毒、猪链球菌病（败血症型）
膀胱	黏膜有出血点	猪瘟、非洲猪瘟
	血尿	猪钩端螺旋体病、猪药物中毒、猪肾炎、猪附红细胞体病
	膀胱破裂	猪尿道结石
	膀胱有黄白色沉淀物	磺胺类药物等使用过量
骨骼	鼻甲骨萎缩	猪传染性萎缩性鼻炎
	肋骨骺线出血或变白	猪瘟
	关节肿大	猪链球菌病（关节炎型）、副猪嗜血杆菌病、猪钙缺乏症、猪风湿性关节炎
脑部	脑膜充血，脑膜下积液	猪水肿病
	脑膜充血和出血，脑实质有黄白色脓块	猪链球菌病（脑膜脑炎型）
	小脑充血和出血，小脑实质坏死	猪伪狂犬病
	脑膜大面积充血、出血	猪高热性疾病、猪热射病
心脏	心肌和心冠出血	猪瘟、非洲猪瘟
	心肌有黄白色条状坏死	猪口蹄疫、猪硒缺乏症
	心瓣膜疣状增生	猪丹毒（慢性）
	心冠脂肪出血点	猪巴氏杆菌病、猪热射病、猪中毒、猪链球菌病（败血症型）
血液	血液稀薄	猪附红细胞体病、猪缺铁性贫血
	血液呈酱油色	猪亚硝酸盐中毒
	血液浓稠，暗红色	猪高热性疾病、猪腹泻脱水性疾病

参考文献

［1］江斌，吴胜会，林琳，等．猪病诊治图谱［M］．福州：福建科学技术出版社，2015.

［2］李国平，周伦江，王全溪．猪传染病防控技术［M］．福州：福建科学技术出版社，2012.

［3］BE 斯特劳，SD 阿莱尔，WL 蒙加林，等．猪病学［M］．赵德明，张中秋，沈建忠译．8 版．北京：中国农业大学出版社，2000.

［4］宣长和，王亚军，邵世义，等．猪病诊断彩色图谱与防治［M］．北京：中国农业科学技术出版社，2005.

［5］甘孟侯，高齐瑜，李文刚．猪病诊治彩色图谱［M］．北京：中国农业出版社，1998.

［6］中国农业科学院哈尔滨兽医研究所．动物传染病学［M］．北京：中国农业出版社，1999.

［7］朱模忠．兽药手册［M］．北京：化学工业出版社，2002.

［8］黄一帆．畜禽营养代谢病与中毒病［M］．福州：福建科学技术出版社，2000.

［9］林太明，雷瑶，吴德峰，等．猪病诊治快易通［M］．福州：福建科学技术出版社，2006.

［10］林绍荣．集约化猪场疫病防治［M］．广州：广东科技出版社，2004.

［11］李祥瑞．动物寄生虫彩色图谱［M］．北京：中国农业出版社，2004.